自动控制原理与系统

（第3版）

主　编　夏　晨
副主编　张淑艳　孟　春　宋　爽
　　　　侯晓茜　李　朴

北京理工大学出版社
BEIJING INSTITUTE OF TECHNOLOGY PRESS

内 容 简 介

本书以"讲清概念，侧重应用"为主旨，简化了大量的数理推导，将经典线性控制理论中的最基本、最重要的内容与实际生产中应用最广泛、最常用的典型过程控制系统相结合。

本书共分 7 个单元，两部分，第 1-4 单元是自动控制原理部分，第 5-7 单元是过程控制系统部分。内容包括自动控制系统的基本知识、自动控制系统的数学模型、时域分析法、频域分析法、简单控制系统、复杂控制系统和特殊控制系统。在每单元后面有知识梳理、思考题与习题，可供读者参考及练习。

本书适合作为高等职业院校和成人高校电气自动化技术、工业过程自动化技术、工业自动化仪表技术等专业的教材用书，也可作为智能控制技术、机电一体化技术、冶金自动化技术、化工自动化技术等专业的自动控制用书，并可供相关专业的技术人员参考。

版权专有 侵权必究

图书在版编目（CIP）数据

自动控制原理与系统／夏晨主编. --3 版. --北京：
北京理工大学出版社，2022.1
ISBN 978-7-5763-0965-2

Ⅰ. ①自⋯ Ⅱ. ①夏⋯ Ⅲ. ①自动控制理论-高等职业教育-教材②自动控制系统-高等职业教育-教材
Ⅳ. ①TP13②TP273

中国版本图书馆 CIP 数据核字（2022）第 027638 号

出版发行／北京理工大学出版社有限责任公司
社　　址／北京市海淀区中关村南大街 5 号
邮　　编／100081
电　　话／（010）68914775（总编室）
　　　　　（010）82562903（教材售后服务热线）
　　　　　（010）68944723（其他图书服务热线）
网　　址／http://www.bitpress.com.cn
经　　销／全国各地新华书店
印　　刷／唐山富达印务有限公司
开　　本／787 毫米×1092 毫米　1/16
印　　张／11.75　　　　　　　　　　　　责任编辑／江　立
字　　数／278 千字　　　　　　　　　　　文案编辑／江　立
版　　次／2022 年 1 月第 3 版　　2022 年 1 月第 1 次印刷　　责任校对／周瑞红
定　　价／55.00 元　　　　　　　　　　　责任印制／施胜娟

本教材充分考虑高职学生的特点，职业岗位要求，精选教学内容，以应用知识为主，注重理论联系实际，侧重培养学生的工匠精神、劳动意识和创新精神。全书以"讲清概念，侧重应用"为主旨，简化了大量的数理推导，将经典线性控制理论中的最基本、最重要的内容与实际生产中应用最广泛、最常用的典型过程控制系统相结合。将行业新技术、新工艺、新规范、新案例引入教材，引进了大量的行业真实生产案例和典型工作任务。

本教材为"十三五"职业教育国家规划教材修订版，内容编排上采用螺旋式排列，针对学习者的接受能力，按照繁简、深浅、难易的程度，由浅到深，由单一到综合、从简单控制系统到复杂控制系统的逐步递进的教学单元，并注重能力的培养及提升，使教材内容的基本控制原理重复出现，逐步扩展，螺旋上升。

本书共7单元，第1单元自动控制系统的基本知识，第2单元自动控制系统的数学模型，第3单元时域分析法，第4单元频域分析法，第5单元简单控制系统，第6单元复杂控制系统，第7单元特殊控制系统。分为两大部分，即自动控制原理部分和过程控制系统部分，两个部分相互独立，自动控制原理部分（即第1-4单元）侧重于自动控制理论知识结构体系，过程控制系统部分（即第5-7单元）侧重于过程控制系统实践技能。在每单元的后面均有知识梳理、思考题与习题，可供读者参考及练习。

本书编写团队为"双师型"教师团队，由高职院校专业教师、企业技术人员和高职教育教学研究人员组成。主编为从事自动化方向教学工作近三十年，有近二十年的自动控制方向教学与研究经历与经验。企业副主编为教材的编写提供了丰富的钢铁企业、智能制造业的案例。第一副主编为具有多年的高职教育教学研究经验，为教材的编写提供了指导性意见。

本书由河北工业职业技术大学夏晨、张淑艳和宋爽；石家庄钢铁有限责任公司孟春；北方工程设计研究院有限公司李朴；河北劳动关系学院侯晓茜编写。其中第1、6、7单元由夏晨编写；第3单元由张淑艳编写；第5单元由孟春编写；第4单元由宋爽、李朴编写；第2单元由侯晓茜编写。

全书由夏晨统稿。

由于编者水平有限，书中的错误及疏漏之处，恳请读者批评指正，同时希望得到读者的宝贵建议。

Contents 目录

Contents

第1单元

自动控制系统的基本知识

❖ **素质目标**

1. 培养学生科学认真的态度。
2. 培养学生分析问题和解决问题的能力。

❖ **知识目标**

1. 理解自动控制的基本概念。
2. 熟练掌握自动控制系统的组成。
3. 熟练掌握控制系统的分类。
4. 理解对自动控制系统的基本要求以及其性能指标。

❖ **能力目标**

1. 会分析自动控制实例。
2. 会绘制实际控制系统的原理方框图。

自动控制技术在各行各业中起着十分重要的作用,而自动控制系统中充分地体现了自动控制技术。自动控制系统性能的优劣,将直接影响到产品的产量、质量、成本、劳动条件和预期目标的完成。

在分析自动控制系统之前,需要掌握自动控制的基本概念。

模块一 自动控制的基本概念

一、自动控制

自动控制是在人工控制的基础上发展起来的。

以水箱液位人工控制系统为例,如图1-1所示,工艺要求保持水箱中的液位恒定。在人工控制中当出水量发生变化时,水箱液位会上下变动,操作者用眼睛观察液位计中液位的高低,通过神经系统告诉大脑;经过大脑的思考,与要求的液位进行比较,得出偏差的大小和方向,根据经验由大脑发出命令;用双手去控制进水阀的开度,引起进水量发生变化,最终使水箱中的液位达到要求的高度。

在人工控制中,人的眼睛、大脑和手分别起到了检测、运算和命令、执行3个作用,来保证水箱液位的恒定。

在自动控制中,利用控制装置代替人的眼睛、大脑和手,来完成控制的要求。

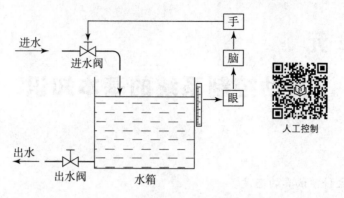

图 1-1　水箱液位人工控制系统

自动控制就是指在没有人直接参与的情况下，利用控制装置对生产过程或设备的某个参数进行控制，使之按照预定的规律运行。

二、常用术语

以图 1-1 水箱液位人工控制系统为例，引出几个常用术语。

（1）被控对象。将需要控制的设备或生产过程称为被控对象，简称对象。被控对象是控制系统的主体，本例中的被控对象是水箱。

（2）被控量。将被控对象运行时需要控制的参数称为被控量，用 $c(t)$ 表示。被控量是控制系统中最关键的物理量，本例中的被控量是水箱液位。

（3）给定值。工艺要求被控量所要达到的数值称为给定值、设定值或参考输入，用 $r(t)$ 表示。给定值是控制系统中的基本参数，本例中的给定值是工艺要求的液位恒定值。

（4）扰动量。将引起被控量变化的一切因素称为干扰量或扰动量，简称扰动，用 $d(t)$ 表示。引起被控量变化的因素很多，本例中主要的扰动量为出水量。

自动控制的目的就是在没有人直接参与的情况下，被控对象在各种扰动 $d(t)$ 的作用下，始终能保证被控量等于给定值或接近给定值。数学表达式为

$$c(t) \approx r(t)$$

模块二　自动控制系统的组成与系统原理框图

一、自动控制系统的组成

自动控制系统主要是由被控对象和自动控制装置组成的。利用自动控制装置代替人的直接参与，由图 1-1 变为图 1-2 所示。

水箱液位自动控制系统如图 1-2 所示，工艺要求保持液位恒定。q_1 为进水量，q_2 为出水量，h 为液位高度。为了控制好水箱液位，控制系统需包括以下几个部分：

（1）检测变送装置（或传感器）。将被控量的实际数值，转化为某种便于传送、符合规范、标准统一的信号的装置，称为检测变送装置或传感器。本例中的压力变送器就是检测变送装置，它实时测出被控量的实际数值，并送出一个相应规范的、标准统一的信号作为被控量的测量值 $c_m(t)$，它相当于人工控制中"眼"的作用。

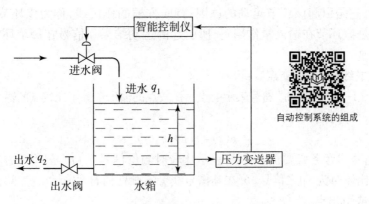

图1-2　水箱液位自动控制系统

（2）控制装置。接收检测变送装置送来的被控量的测量信号$c_m(t)$，并与工艺上要求的给定值信号$r(t)$进行比较，再根据比较的结果——偏差信号的极性与大小，按照一定的控制规律或算法，发出相应的控制信号$u(t)$。本例中的智能控制仪，可起相当于人工控制中"脑"的作用，用于比较、决策并发出控制命令。可见，控制装置是自动控制系统中最关键、核心的组成部分。

（3）执行装置（或执行器）。接收控制装置输出的控制信号$u(t)$，并将其转变为一个能对被控对象实际施加的操纵量$q(t)$。本例中的进水阀，可起相当于人工控制中"手"的作用，能依据大脑发出的控制命令，来改变控制阀的流量。

（4）被控对象。自动控制系统的主体，也是自动控制系统的重要组成部分。本例中的水箱就是被控对象。

因此，一个自动控制系统是由被控对象、检测变送装置（或传感器）、控制装置和执行装置（或执行器）4大部分组成的。

二、自动控制系统的原理框图

为了直观表明自动控制系统的组成以及信号之间的传递关系，在控制中经常使用自动控制系统的原理框图来表示。系统原理框图简称系统框图或系统方块图。图1-3就是自动控制系统的原理框图。

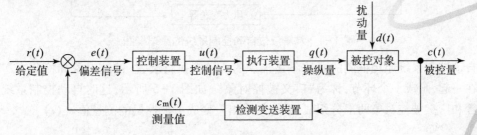

图1-3　自动控制系统的原理框图

控制系统的原理框图是由4部分组成的。

1. 环节

环节为图中方框，指自动控制系统中的各个组成部分。

2. 作用线

作用线为图中箭头线，表示信号的传递方向。朝向方框的作用线，称为该环节的输入量

（或输入信号），它是引起该环节运动的原因；背向方框的作用线，称为该环节的输出量（或输出信号），它是该环节在输入量作用下，所引起的运动结果。信号在每个环节中只能按箭头方向单向传递。

3. 比较点或综合点、汇交点

比较点为图1-3中用"$\otimes$"符号表示的点。比较点的输出量等于比较点的输入量的代数和。偏差信号$e(t)$的定义为：

$$e(t) = r(t) - c_\mathrm{m}(t)$$

在$c_\mathrm{m}(t)$信号线旁务必要加"－"号，表示比较时测量信号$c_\mathrm{m}(t)$是"负"的。而图1-3中的$r(t)$信号在比较时为"正"信号，可在其信号线旁不画任何符号。

4. 分叉点或引出点

分叉点为图1-3中用符号"⌐→"表示的点。从分叉点引出的信号是相同的。

图1-3中，被控量$c(t)$一方面作为被控对象的输出量往外输出，同时又被作为检测变送装置的输入量，把一个信号大小不变地同时送到不同的地方。

从图1-3可以看出，整个自动控制系统输入量为给定值$r(t)$和扰动量$d(t)$，输出量为被控量$c(t)$。

下面介绍一个重要的概念——反馈。

把系统（或环节）的输出信号直接或经过一些环节又送回到输入端的做法叫做反馈。如图1-3所示，把系统的输出信号通过检测变送装置送回到系统输入端的就是反馈。当系统反馈信号取负值，并与给定值相加时，属于负反馈；当反馈信号取正值，与给定值相加时，属于正反馈。自动控制系统的主反馈一般是负反馈。

从系统的输入量$r(t)$沿着箭头方向到系统的输出量$c(t)$，称该信号通道为前向通道。而从系统的输出量$c(t)$沿着箭头方向到系统的输入端$r(t)$，则称该信号通道为反馈通道。

水箱液位自动控制系统的原理框图如图1-4所示。

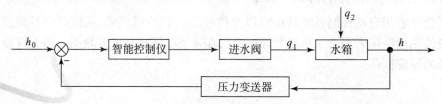

图1-4　水箱液位自动控制系统的原理框图

自动控制系统原理框图的画法不是唯一的。常把执行装置、被控对象和检测变送装置综合在一起，画成一个环节，称为"广义被控对象"，如图1-5所示，这时自动控制系统由控制装置和广义被控对象两部分组成，系统的输出量变成了被控量的测量值$c_\mathrm{m}(t)$。

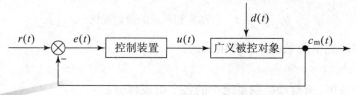

图1-5　自动控制系统原理框图的另一种画法（一）

若用环节表示，自动控制系统原理框图也可以画成如图1-6所示的形式。

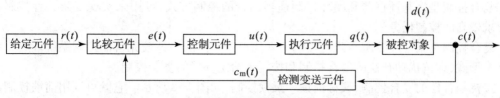

图1-6　自动控制系统原理框图的另一种画法(二)

系统原理框图上的每个环节不一定与具体的装置——对应。它可以是一个完整的装置,也可以是几个装置的组合,或者是某个装置中的一部分等,因此可以按照实际需要进行划分。

模块三　控制系统的分类

一、自动控制的基本方式

控制系统的分类方法有很多,首先介绍自动控制的基本方式。自动控制系统有两种最基本的方式,即开环控制和闭环控制。

1. 开环控制

开环控制不存在反馈环节,只有信号的前向通道,没有反馈通道,如图1-7所示。

这种控制方式的结构比较简单,但是如果被控对象或控制装置受到扰动,而影响被控量时,系统不能进行自动补偿,因此控制精度难以保证。所以在控制精度要求不高而扰动又很小的场合中应用比较广泛。日常生活中的计算机磁盘驱动器、非智能化的洗衣机、非智能化的交通红绿灯等的控制系统都属于开环控制。

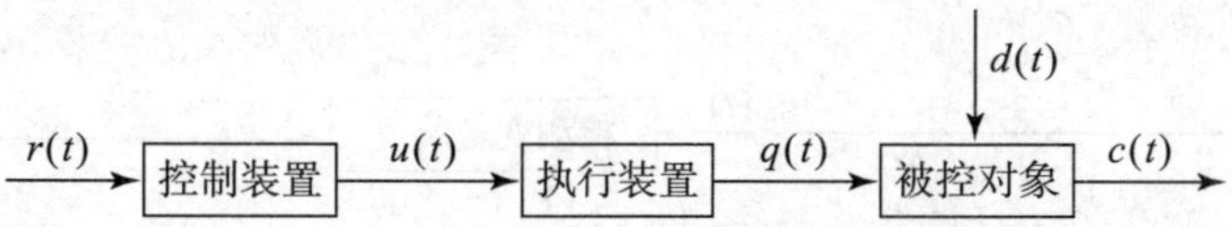

图1-7　开环控制

2. 闭环控制(或负反馈控制)

闭环控制存在反馈环节,其不仅有前向通道,而且还有反馈通道。

图1-3所示的原理框图中有明显的闭合回路,它是一种最基本、最重要的典型控制系统。一些较为复杂的控制系统也是以它为基础,再加以改进、完善的。

闭环控制的结构复杂,负反馈控制对一切的外界或系统内部的扰动都有抑制、克服作用,但因它必须在被控量偏离了给定值、产生了偏差后才能施加影响并起作用,且最终又使系统偏差不断变小,直至为零,所以控制不及时。

二、控制系统的分类

控制系统常用的有以下几种分类。

1. 按系统的结构分类

(1)开环控制系统。只有开环控制的系统,如图1-7所示。

(2)闭环控制系统。只有闭环控制的系统,如图1-3所示。

(3)复合控制系统。

　　复合控制是将开环控制和闭环控制适当结合的控制方式,可用来实现复杂并且控制精度要求较高的控制任务。

　　复合控制是集开环控制与闭环控制两者优点于一体的一种较完善的控制系统。它有两种基本形式,即按扰动补偿的复合控制和按输入给定补偿的复合控制。

　　按扰动补偿的复合控制,又称前馈—反馈控制,如图1-8所示。它既可利用前馈控制及时抑制主扰动,又可利用反馈控制克服工艺上的其他各种扰动。将在后面模块的前馈控制系统中详细介绍。

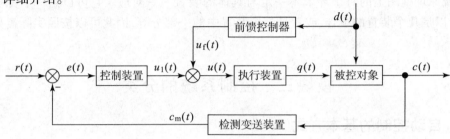

图1-8　按扰动补偿的复合控制(前馈—反馈控制)

　　按输入给定补偿的复合控制如图1-9所示,能加速被控量跟踪给定值的变化,它是随动控制系统中提高跟踪速度和精度常用的一种控制方案。将在后面单元的时域分析法中详细介绍。

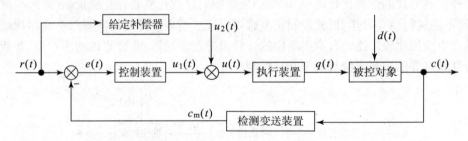

图1-9　按输入给定补偿的复合控制

2. 按系统给定值 $r(t)$ 变化的规律分类

　　(1)恒值控制系统:系统的给定值为恒值,可克服各种扰动因素的影响,保证被控量等于恒定的给定值或接近给定值。如前面提到的液位控制系统就是恒值控制系统。

　　(2)程序控制系统:系统的给定值是一个按照一定规律变化的时间函数。如数控伺服系统以及一些自动化生产线,给定值是固有的程序。

　　(3)随动(或跟踪)控制系统:系统的给定值是一个不能预知的随机量,要求被控对象的被控量能快速、准确地跟随输入的随机变化的给定值变化,如火炮自动跟随系统。

3. 按被控对象反应快慢不同分类

　　(1)过程控制系统:生产过程中需要控制的温度、压力、流量、物位、成分等参数都是属于慢过程对象的被控量,相应的控制系统为过程控制系统。前面提到的液位控制系统就是过程控制系统。

　　(2)运动(或拖动)控制系统:用电机直接拖动工作机械,常常是转角、转速等变化反应迅速的被控量,相应的控制系统为运动控制系统。如电机调速系统。

4. 按系统数学模型的性质不同分类

(1)线性系统:系统全部由线性元件组成,系统的输入量与输出量的关系用线性微分方程来描述。

微分方程的系数不随时间变化,是个常数,这样的系统是定常系统;微分方程的系数随时间变化而变化,所以是时间的函数,这样的系统是时变系统。

(2)非线性系统:系统中存在非线性元件,系统的输入量与输出量的关系用非线性微分方程来描述。

5. 按系统所传送信号的性质不同分类

(1)连续控制系统:系统中控制信号是连续量或模拟量的系统。

(2)离散控制系统:系统中控制信号是脉冲量或数字量的系统。

6. 按系统中控制回路数目的不同分类

(1)简单控制系统:系统中含一个控制回路,如液位控制系统等。将在后面单元的简单控制系统中介绍。

(2)复杂控制系统:系统中含多个控制回路,如串级控制系统等。将在后面单元的复杂控制系统中介绍。

模块四　对控制系统的基本要求

一、控制系统的稳态、动态与过渡过程

在介绍自动控制系统的基本要求之前,需首先介绍几个术语。

1. 稳态

把被控量 $c(t)$ 不随时间变化的平衡状态称为系统的稳态(或静态),这时工艺上进出系统的物料量都处于动态平衡状态,此时不仅被控量 $c(t)$ 稳定不变,且系统中各处的信号都不随时间变化,处于平衡状态。

2. 动态

把被控量 $c(t)$ 随时间变化的不平衡状态称为系统的动态(或瞬态),这时系统中的各个环节和各处的信号都在随时间变动。

系统受到了扰动 $d(t)$ 作用或给定值 $r(t)$ 突然发生了某种变化,则系统原来的平衡状态将被打破,被控量开始偏离给定值变化,并导致控制装置、执行装置(或执行器)都将相应动作,对被控对象施加控制作用,最终使被控量回到给定值,此时系统又恢复到一个新的平衡状态,控制过程结束。

3. 系统的过渡过程

系统从一个平衡状态到另一个新平衡状态的过程,称为系统的过渡过程。在此过程中,被控量及系统各处的信号都处于变化之中。

4. 系统的过渡过程曲线

通常把表示被控量在过渡过程中的变化情况的曲线,称为系统的过渡过程曲线(见图1-10)。根据自动控制系统的过渡过程曲线的情况就可判断其控制质量的好坏。

二、对自动控制系统的基本要求

对一个自动控制系统的基本要求为稳定性、快速性和准确性。

1. 稳定性

对任何自动控制系统,首要条件是系统必须稳定。只有系统稳定,才能正常工作。

稳定性是指系统受到扰动作用或给定值发生变化时,其动态过程的振荡倾向和重新恢复状态的能力。

当系统受到扰动作用或给定值发生变化时,被控量就会偏离给定值,如果经过系统的自身调节,系统能回到或接近原来的给定值,这样的系统就是稳定的系统;否则,系统不能回到或接近原来的给定值,这样的系统就是不稳定的系统。

闭环控制系统在给定值单位阶跃函数作用下的过渡过程曲线如图 1-10 所示,系统过渡过程曲线以衰减振荡的形式,最终趋于新的稳态,如图 1-10(a)所示,系统为稳定的,这样的系统能正常工作。

若系统的过渡过程曲线是发散的,即被控量偏离给定值越来越大,则系统为不稳定的,如图 1-10(b)所示,这样的系统就不能正常工作。

若系统的过渡过程曲线是等幅振荡的,则系统处于稳定与不稳定之间的临界状态,称为临界稳定,如图 1-10(c)所示,这样的系统也不能正常工作。

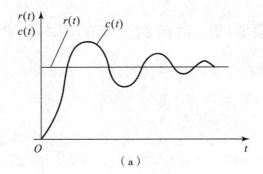

（a）

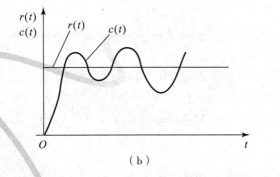

（b）

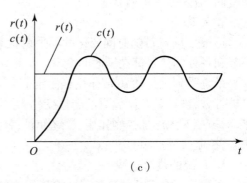

（c）

图 1-10　闭环控制系统在给定值单位阶跃函数作用下的过渡过程曲线

(a)稳定;(b)不稳定;(c)临界稳定

2. 快速性

快速性是通过动态过渡过程时间的长短来表示的,如图 1-11 所示。过渡过程时间越短,则快速性就越好;反之,过渡过程时间越长,则快速性就越不好。

3. 准确性

准确性是由系统达到稳态时,给定值与实际值之差来体现的,如图 1-12 所示。它反映了系统的稳态精度。

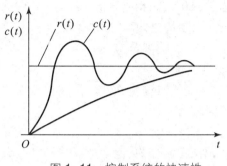
图 1-11　控制系统的快速性

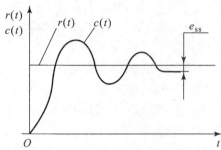
图 1-12　控制系统的准确性

稳定性、快速性和准确性往往是互相制约的。在设计与调试的过程中,若过分强调某方面的性能,则可能会使其他方面的性能受到影响。

项目　水箱液位控制系统

一、项目描述

一个自动控制系统是由被控对象、检测变送装置(或传感器)、控制装置与执行装置(或执行器)四大部分组成的。

二、项目目标

1. 熟练掌握自动控制系统的组成。

2. 会科学分析自动控制系统实例。

3. 会查阅说明书解决实际问题。

三、使用设备

过程控制训装置、上位机软件、计算机、RS232-485 转换器 1 只、串口线 1 根、万用表、实训连接线。

四、项目实施

1. 设备的连接和检查

(1)水箱灌满水(至最高高度)。

(2)打开以泵、电磁阀、涡轮流量计组成的动力支路至水箱的出水阀和关闭动力支路上通往其他对象的切换阀。

(3)关闭水箱出水阀。

(4)检查电源开关是否关闭。

2. 系统连线

(1)将 I/O 信号面上压力变送器水箱液位的钮子开关打到 OFF 位置。

(2)将水箱液位正极端接到任意一个智能调节仪的正极端,水箱液位负极端接到智能调节仪的负极端。

(3)将智能调节仪的输出端的正极端接至电动调节阀的输入端的正极端,将智能调节仪的输出端的负极端接至电动调节阀输入端的负极端。

3. 启动实训装置

（1）将实训装置电源插头接到三相 380 V 的三相交流电源。

（2）打开总电源漏电保护空气开关,电压表指示 380 V,三相电源指示灯亮。

（3）打开电源总钥匙开关,按下电源控制屏上的启动按钮,即可开启电源。

4. 实施步骤

（1）水箱液位传感器的校准

打开空气开关,接通 24 V 开关电源,用万用表在接线口测量确认。校准包括零位校准和增益校准,反复校正直到液位显示与实际测量值吻合。

（2）调试智能调节仪参数

接通智能调节仪,按照调节仪设置使用说明,调试控制方式、比例度、积分时间、微分时间、输入规格、输入范围、输出规格、通讯地址、通讯波特率、自/手动输出等参数。

（3）调节电动调节阀

手动输出一定的值,观察电动调节阀的动作和阀位。

五、项目报告

1. 分析水箱控制控制系统的组成,说明被控量、给定值和可能的扰动量各是什么。

2. 绘制水箱控制系统的原理框图。

3. 分析水箱控制系统的工作过程,指出该系统属于哪类控制系统。

六、项目评价表

项目名称			水箱液位控制系统			
课程名称		专业名称			班级	
姓名		成员			组号	
实施	配分	操作要求	评价细则		扣分点	得分
设备的连接和检查	10分	1. 对系统组成能正确分析。(5分) 2. 熟悉设备功能。(5分)	1. 系统组成分析不全面,扣2分。 2. 系统组成需要在教师或组员指引下分析,扣3分。 3. 系统组成完全不懂,扣5分。 4. 设备功能不完全清楚,扣2分。 5. 设备功能需要在教师或组员指引下,扣3分。 6. 设备功能完全不懂,扣5分。			
系统连线	10分	1. 能合理进行布局。(5分) 2. 连线正确。(5分)	1. 布局不合理,扣3分。 2. 连线杂乱无序,扣5分。 3. 连线相对工整,扣2分。			
启动实验装置	10分	启动顺序。(10分)	启动顺序不正确,扣10分。			

续表

实施	配分	操作要求	评价细则	扣分点	得分
实施步骤	30分	1. 水箱液位传感器的校准。(10分) 2. 调试智能调节仪参数。(10分) 3. 调节电动调节阀。(10分)	1. 零位校准不正确,扣5分。 2. 增益校准不正确,扣5分。 3. 调试控制方式、比例系数、积分系数、微分系数、输入规格、输入范围、输出规格、通讯地址、通讯波特率、自/手动输出等参数不正确,酌情扣分。 4. 不会调节电动调节阀的动作和阀位,酌情扣分。		
项目报告	30分	1. 分析水箱控制系统的组成,说明被控量、给定值和可能的扰动量各是什么。(10分) 2. 绘制水箱控制系统的原理框图。(10分) 3. 分析水箱控制系统的工作过程,指出该系统属于哪类控制系统。(10分)	1. 水箱控制系统的组成不正确,扣4分。 2. 被控量、给定值和可能的扰动量不正确,各扣2分。 3. 原理框图不正确,酌情扣分。 4. 工作过程不正确,酌情扣分。 5. 控制系统分类不正确,酌情扣分。		
安全文明操作	10分	1. 工作台上实训连接线摆放整齐。(5分) 2. 严格遵守安全文明操作规程。(5分)	1. 工作台上实训连接线摆放不整齐,扣5分。 2. 遵守安全文明操作,错一处扣2分。		
总分					

知识梳理

本单元主要介绍了五个方面的内容。

(1)自动控制:就是指在没有人直接参与的情况下,利用控制装置对生产过程或设备的某个参数进行控制,使之按照预定的规律运行。

(2)自动控制系统的组成:由被控对象、检测变送装置、控制装置与执行装置(或执行器)4大部分组成的。

(3)自动控制系统有两种最基本的形式:即开环控制和闭环控制。控制系统的分类方法常用的有以下几种:

① 按系统给定值 $r(t)$ 变化的规律,分为恒值控制系统、程序控制系统和随动(或跟踪)控制系统。

② 按被控对象反应快慢不同,分为过程控制系统和运动控制系统。

③ 按系统中控制回路数目的不同,分为简单控制系统和复杂控制系统。

(4)对一个自动控制系统的基本要求为:稳定性、准确性、快速性。

(5)绘制实际控制系统的原理框图,分析工作过程。

思考题与习题

1-1 举例说明自动控制系统的组成,画出控制系统的原理方框图。

1-2 开环、闭环及复合控制的特点是什么? 试举出日常生活中几个开环和闭环控制的例子。

1-3 控制系统按给定值变化规律分为哪几种? 各有什么特点?

1-4 过程控制系统与运动控制系统各有什么特点?

1-5 简单控制系统与复杂控制系统有什么区别?

1-6 控制系统的稳态、动态与过渡过程是什么?

1-7 对自动控制系统的基本要求是什么?

1-8 复合控制的两种基本形式是什么? 各有什么特点?

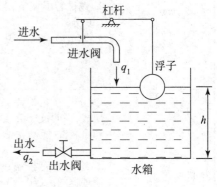

图 1-13 题 1-9 图

1-9 水槽液位控制系统如图 1-13 所示,工艺要求水槽中的液位高度恒定,试画出液位控制系统的原理方框图,说明被控量、给定值及可能的扰动量各是什么? 分析工作过程,该系统属于哪类控制系统? 其中 q_1 为进水量,q_2 为出水量,h 为液位高度。

1-10 电热炉温度控制系统如图 1-14 所示,要求炉温恒定,试画出温度控制系统的原理框图,说明被控量、给定值及可能的扰动量各是什么? 分析工作过程,该系统属于哪类控制系统?

1-11 一个位置控制系统如图 1-15 所示,要求工作机械的转角 θ_c 能自动跟随给定手柄的转角 θ_r。试画出控制系统的原理方框图,说明被控量、给定值及可能的扰动量各是什么? 分析工作过程,该系统属于哪类控制系统?

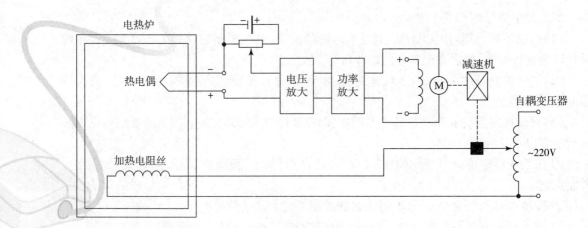

图 1-14 题 1-10 图

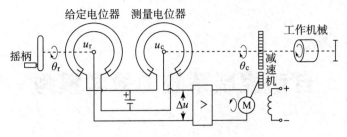

图 1-15　题 1-11 图

1-12　仓库大门自动控制系统如图 1-16 所示,试说明自动大门开启和关闭的工作原理。试画出控制系统的原理方框图。

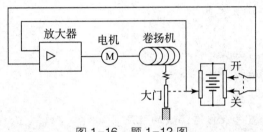

图 1-16　题 1-12 图

1-13　压力自动控制系统如图 1-17 所示,工艺要求储罐的压力恒定。试画出控制系统的原理方框图,说明被控量、给定值及可能的扰动量各是什么? 分析工作过程,该系统属于哪类控制系统?

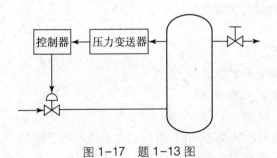

图 1-17　题 1-13 图

第 2 单元

自动控制系统的数学模型

❖ **素质目标**

1. 培养学生自主学习的习惯。
2. 培养学生的沟通能力和团队协作精神。
3. 培养学生的严谨科学态度。

❖ **知识目标**

1. 理解数学模型的概念。
2. 会建立标准微分方程。
3. 理解传递函数的概念及传递函数的性质。
4. 会认识典型环节的传递函数。
5. 熟练掌握系统的动态结构图的绘制。
6. 熟练掌握系统结构图的等效变换求传递函数的方法。
7. 熟练掌握根据梅逊公式求传递函数的方法。
8. 会计算系统的典型传递函数。

❖ **能力目标**

1. 会建立自动控制系统的数学模型。
2. 学会求传递函数的几种方法。

在分析和设计一个自动控制系统前,需要建立系统的数学模型。

系统的数学模型是指描述系统内各变量之间关系的数学表达式。数学模型分为时域、复域、频域数学模型。常用的数学模型有微分方程、传递函数和动态结构图等。

模块一　标准微分方程

系统的微分方程是时域分析中最基本的数学模型。

一、建立标准微分方程的一般步骤

(1)确定系统(或环节)的输入量和输出量。根据要求确定输入量和输出量。

(2)建立初始微分方程组。根据所遵循的规律,引入中间变量,例如电路中的基尔霍夫定律,列写出每个环节(元件)初始微分方程组。

(3)消去中间变量,将微分方程标准化。消去微分方程组中的中间变量,将与输出量有关的各项按导数项降幂的顺序放在等号的左边,将与输入量有关的各项按导数项降幂的顺序放在等号的右边,写出标准微分方程。

二、标准微分方程的建立

例 2-1　列写图 2-1 所示的 RC 电路的标准微分方程。其中 u_r 为输入量,u_c 为输出量。

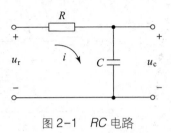

图 2-1　RC 电路

解　(1)确定输入量和输出量。

输入量为 u_r、输出量为 u_c。

(2)建立初始微分方程组。

根据电路中的基尔霍夫定律引入中间变量 i 有

$$u_r = iR + u_c \tag{2-1}$$

$$i = C \frac{\mathrm{d}u_c}{\mathrm{d}t} \tag{2-2}$$

(3)消去中间变量,将微分方程标准化。

消去中间变量 i,将式(2-2)代入式(2-1)得

$$u_r = RC \frac{\mathrm{d}u_c}{\mathrm{d}t} + u_c \tag{2-3}$$

将式(2-3)整理成标准微分方程得

$$RC \frac{\mathrm{d}u_c}{\mathrm{d}t} + u_c = u_r$$

因此 RC 电路的数学模型是一阶常系数微分方程。

例 2-2　试列写图 2-2 所示的 RLC 电路的标准微分方程。其中 u_r 为输入量,u_c 为输出量。

解　(1)确定输入量和输出量。

输入量为 u_r、输出量为 u_c。

(2)建立初始微分方程组。

根据基尔霍夫定律引入中间变量 i

$$u_r = iR + L \frac{\mathrm{d}i}{\mathrm{d}t} + u_c \tag{2-4}$$

$$i = C \frac{\mathrm{d}u_c}{\mathrm{d}t} \tag{2-5}$$

(3)消去上述方程的中间变量,将微分方程标准化。

消去中间变量 i,将式(2-5)代入式(2-4)得

$$u_r = RC \frac{\mathrm{d}u_c}{\mathrm{d}t} + LC \frac{\mathrm{d}^2 u_c}{\mathrm{d}t^2} + u_c \tag{2-6}$$

将式(2-6)整理成标准微分方程得

$$LC \frac{\mathrm{d}^2 u_c}{\mathrm{d}t^2} + RC \frac{\mathrm{d}u_c}{\mathrm{d}t} + u_c = u_r$$

RLC 电路的数学模型是二阶常系数微分方程。

例 2-3　试列写图 2-3 所示运算放大器的标准微分方程。其中 u_r 为输入量,u_c 为输出量。

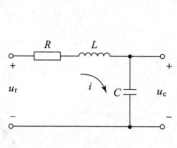

图 2-2 *RLC* 电路

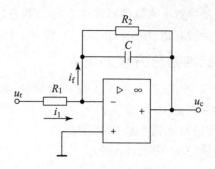

图 2-3 运算放大器

解 （1）确定输入量和输出量。

输入量为 u_r、输出量为 u_c。

（2）建立初始微分方程组（u_c 忽略"-"号）。

引入中间变量 i_1，i_f

$$i_1 = i_f \tag{2-7}$$

$$i_1 = \frac{u_r}{R_1} \tag{2-8}$$

$$i_f = \frac{u_c}{R_2} + C\frac{\mathrm{d}u_c}{\mathrm{d}t} \tag{2-9}$$

（3）消去上述方程的中间变量，将微分方程标准化。

消去中间变量 i_1，i_f 将式（2-8）、式（2-9）代入式（2-7）得

$$\frac{u_r}{R_1} = \frac{u_c}{R_2} + C\frac{\mathrm{d}u_c}{\mathrm{d}t} \tag{2-10}$$

将式（2-10）整理成标准微分方程得

$$R_2 C\frac{\mathrm{d}u_c}{\mathrm{d}t} + u_c = \frac{R_2}{R_1}u_r$$

运算放大器数学模型是一阶常系数微分方程。

由此得到，n 阶常系数微分方程的标准形式为

$$a_n\frac{\mathrm{d}^n c(t)}{\mathrm{d}t^n} + a_{n-1}\frac{\mathrm{d}^{n-1} c(t)}{\mathrm{d}t^{n-1}} + \cdots + a_1\frac{\mathrm{d}c(t)}{\mathrm{d}t} + a_0 c(t) = b_m\frac{\mathrm{d}^n r(t)}{\mathrm{d}t^n} + b_{m-1}\frac{\mathrm{d}^{n-1} r(t)}{\mathrm{d}t^{n-1}} + \cdots +$$

$$b_1\frac{\mathrm{d}r(t)}{\mathrm{d}t} + b_0 r(t) \tag{2-11}$$

式中 $c(t)$——输出量；

$r(t)$——输入量；

$a_n, \cdots, a_0, b_m, \cdots, b_0$——由系统结构和参数决定的常系数。

方程等号的左边表示系统（或环节）的输出量，方程等号的右边表示系统（或环节）的输入量，方程两边各项均按导数项降幂的顺序排列。

三、标准微分方程的求解

系统的标准微分方程建立后，就要求出微分方程的解。工程上利用拉普拉斯变换法求

解线性微分方程,此法计算简便,尤其适用于高阶微分方程的求解。

用拉普拉斯变换法求解线性微分方程的步骤如下:

(1)将微分方程两边进行拉普拉斯变换,得到变换方程。

(2)经过整理得到输出量的象函数。

(3)利用部分分式法,进行拉普拉斯反变换,求出微分方程的解。

例2-4 求图2-1所示的 RC 电路的标准微分方程的解。输出量 $u_c(t)$ 符合零初始条件,输入量 $u_r(t) = 1(t)$。

解 RC 电路的标准微分方程为

$$RC\frac{\mathrm{d}u_c}{\mathrm{d}t} + u_c = u_r$$

(1)将微分方程两边进行拉普拉斯变换,得到变换方程为

$$RCsU_c(s) + U_c(s) = \frac{1}{s}$$

(2)经过整理得到输出量的象函数 $U_c(s)$,即

$$U_c(s) = \frac{1}{s(RCs + 1)}$$

(3)利用部分分式法,进行拉普拉斯反变换,求出微分方程的解 $c(t)$。

$$U_c(s) = \frac{1}{s(RCs + 1)} = \frac{1}{s} - \frac{1}{s + \dfrac{1}{RC}}$$

微分方程的解

$$u_c(t) = 1 - e^{-\frac{1}{RC}t}$$

例2-5 已知系统微分方程为

$$\frac{\mathrm{d}^2 c(t)}{\mathrm{d}t^2} + 2\frac{\mathrm{d}c(t)}{\mathrm{d}t} + c(t) = r(t)$$

求系统的输出量 $c(t)$。输出量 $c(t)$ 符合零初始条件,输入量 $r(t) = 1(t)$。

解 (1)将微分方程两边进行拉普拉斯变换,得到变换方程为

$$s^2 C(s) + 2sC(s) + C(s) = \frac{1}{s}$$

(2)经过整理得到输出量的象函数 $C(s)$ 为

$$C(s) = \frac{1}{s(s^2 + 2s + 1)}$$

(3)利用部分分式法,进行拉普拉斯反变换,求出微分方程的解 $c(t)$。

$$C(s) = \frac{1}{s(s^2 + 2s + 1)} = \frac{1}{s} - \frac{1}{(s + 1)^2} - \frac{1}{s + 1}$$

得到微分方程的解为

$$c(t) = 1 - te^{-t} - e^{-t}$$

拉普拉斯变换的知识见附表。

模块二 传递函数

利用拉普拉斯变换,从系统(或环节)的标准微分方程可引出系统(或环节)的另一种复

数 s 域数学模型——传递函数,用传递函数可使一个控制系统的原理框图变成系统在复数 s 域中的图形——系统结构图。

一、传递函数的定义

系统满足零初始条件,对控制系统的标准微分方程式(2-11)等号两端进行拉普拉斯变换后,求出输出量的象函数为

$$C(s) = \frac{b_m s^m + b_{m-1} s^{m-1} + \cdots + b_1 s + b_0}{a_n s^n + a_{n-1} s^{n-1} + \cdots + a_1 s + a_0} \cdot R(s) \qquad (2-12)$$

将式(2-12)整理得

$$\frac{C(s)}{R(s)} = \frac{b_m s^m + b_{m-1} s^{m-1} + \cdots + b_1 s + b_0}{a_n s^n + a_{n-1} s^{n-1} + \cdots + a_1 s + a_0} \qquad (2-13)$$

由式(2-13)可见,分母反映了原标准微分方程式(2-11)等号左边的各项形式,只是把原式中的微分算子 $\dfrac{d}{dt}$ 变为复数变量 s;分子反映了原标准微分方程式(2-11)等号右边的各项形式,只是把原式中的微分算子 $\dfrac{d}{dt}$ 变为复数变量 s。

由此引出传递函数的概念:线性定常系统(或环节),在零初始条件下,输出量的拉普拉斯变换与输入量的拉普拉斯变换之比称为该系统(或环节)的传递函数,常用 $G(s)$ 或 $\Phi(s)$ 表示,即

$$G(s) = \frac{C(s)}{R(s)} \Big|_{\text{零初始条件}} \qquad (2-14)$$

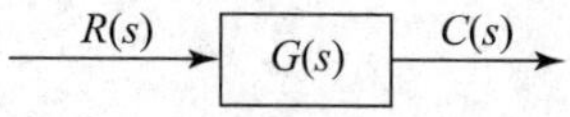

图 2-4 传递函数的结构图

系统的结构图如图 2-4 所示,$R(s)$ 为输入量 $r(t)$ 的拉普拉斯变换,$C(s)$ 为输出量 $c(t)$ 的拉普拉斯变换。它反映系统对输入量的传递特性,也反映了系统输出量是如何受输入量影响的。

二、传递函数的性质

(1)传递函数是由系统微分方程在零初始条件下经过拉普拉斯变换引出的,所以传递函数只适用于线性定常系统,而不适用于非线性或时变系统。

(2)传递函数只取决于系统本身的结构和参数,反映了系统的固有特性,与系统的输入量的大小、形式无关。

(3)传递函数表示了系统特定的输出量与输入量之间的关系,因此对于同一个系统,不同的输出量对同一个输入量之间的传递函数是不同的。

(4)传递函数具有正、负号。当输入量与输出量的变化方向相同时,对应的传递函数具有"正"号;当输入量与输出量的变化方向相反时,对应的传递函数具有"负"号,如图 2-5 所示。

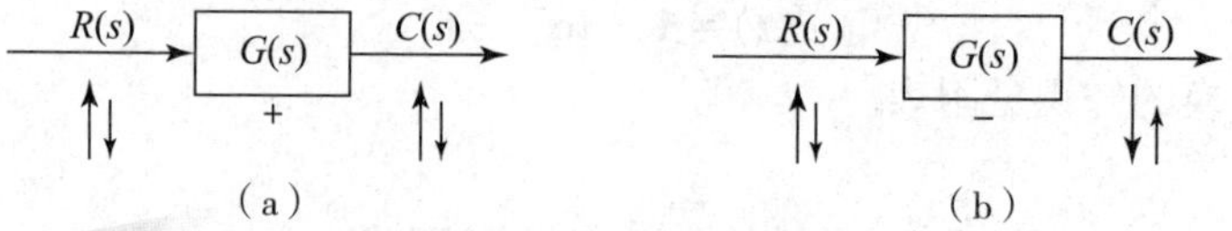

图 2-5 传递函数的正、负号
(a)传递函数为"+";(b)传递函数为"-"

（5）传递函数可写成以下形式，即

$$G(s) = \frac{b_m s^m + b_{m-1} s^{m-1} + \cdots + b_1 s + b_0}{a_n s^n + a_{n-1} s^{n-1} + \cdots + a_1 s + a_0} = K \cdot \frac{\prod\limits_{j=1}^{m}(s + z_j)}{\prod\limits_{i=1}^{n}(s + p_i)} \qquad (2-15)$$

式中　K——放大系数 $K = \dfrac{b_m}{a_n}$；

　　　$-z_j$——传递函数分子多项式方程的 m 个根，称为传递函数的零点，$j = 1, 2, \cdots, m$；

　　　$-p_i$——传递函数分母多项式方程的 n 个根，称为传递函数的极点，$i = 1, 2, \cdots, n$。

三、典型环节的传递函数

组成自动控制系统的各个基本环节，称为自动控制系统的典型环节。从其数学模型来分类，主要有以下几种。

1. 比例环节

比例环节的微分方程为

$$c(t) = K r(t) \qquad (2-16)$$

式中　K——比例系数。

比例环节的传递函数为

$$G(s) = \frac{C(s)}{R(s)} = K$$

图 2-6（a）、图 2-6（b）分别是其单位阶跃响应曲线和动态结构图。由图 2-6（a）可知，比例环节的输出 $c(t)$ 对于输入 $r(t)$ 的响应及时，形状不失真，其输出幅值的大小决定于比例系数 K 值，其动态特性很好。图 2-6（c）是比例环节的一个实例，$K = \dfrac{R_2}{R_1}$。

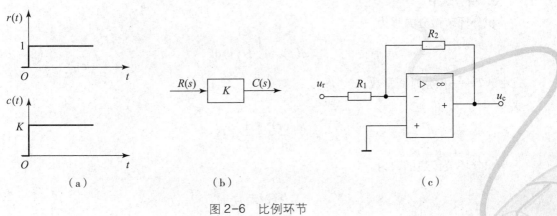

图 2-6　比例环节
（a）单位阶跃响应曲线；（b）动态结构图；（c）实例

2. 惯性环节

惯性环节微分方程为

$$T \frac{\mathrm{d}c(t)}{\mathrm{d}t} + c(t) = r(t) \qquad (2-17)$$

式中　T——时间常数。

惯性环节传递函数为

$$G(s) = \frac{C(s)}{R(s)} = \frac{1}{Ts+1}$$

图2-7(a)、图2-7(b)分别是其单位阶跃响应曲线和动态结构图。由图2-7(a)可知，惯性环节的输出$c(t)$对输入$r(t)$的响应较慢，但最后$c(\infty)$的幅值与$r(t)$相同。$c(t)$的响应速度$\dfrac{dc(t)}{dt}$在起始时刻最大，以后慢慢减少，直至为零。用$c(t)$以起始速度$\dfrac{dc(t)}{dt}\Big|_{t=0}$到$c(\infty)$时所需的时间$T$来表示$c(t)$响应过程的快慢，称之为时间常数。显然，$T$越小，$c(t)$达到$c(\infty)$的过渡过程越快。当$T=0$时，惯性环节就变成了比例环节。图2-7(c)是惯性环节的一个实例，这时$c(t)$为u_c，$r(t)$为u_r，时间常数$T=R_2C$。

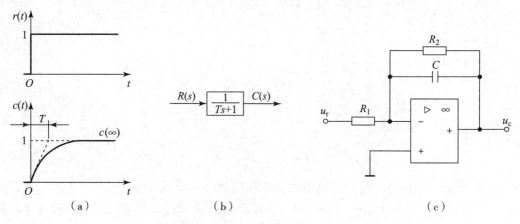

（a）　　　　　　　　（b）　　　　　　　　　（c）

图2-7　惯性环节

（a）单位阶跃响应曲线；（b）动态结构图；（c）实例

3. 积分环节

积分环节微分方程为

$$c(t) = \frac{1}{T}\int r(t)\,dt \tag{2-18}$$

式中　T——积分时间常数。

或

$$\frac{dc(t)}{dt} = \frac{1}{T}r(t) \tag{2-19}$$

积分环节传递函数为

$$G(s) = \frac{1}{Ts} \tag{2-20}$$

图2-8(a)、图2-8(b)分别是其单位阶跃响应曲线及动态结构图。由图2-8(a)可见，积分环节的输出$c(t)$对输入$r(t)$的响应是从零开始慢慢直线上升的，其响应速度不变。使$c(t)$达到与$r(t)$同样幅值所需的时间T，称为积分环节的时间常数。显然$c(t)$在初始阶段的响应比较缓慢，动态特性较差。图2-8(c)所示为积分运算放大器，是积分环节的一个实例。

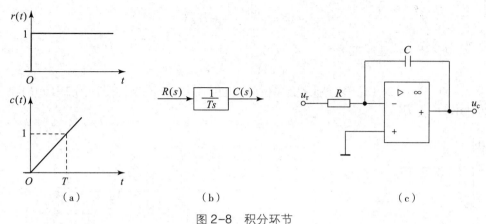

图2-8 积分环节

(a)单位阶跃响应曲线;(b)动态结构图;(c)实例

4. 理想微分环节

理想微分环节微分方程为

$$c(t) = T\frac{\mathrm{d}r(t)}{\mathrm{d}t} \tag{2-21}$$

式中 T——微分时间常数。

理想微分传递函数为

$$G(s) = Ts \tag{2-22}$$

图2-9(a)、图2-9(b)分别是其单位阶跃响应曲线及动态结构图。由图2-9(a)可知,理想微分环节的输出 $c(t)$ 对阶跃输入 $r(t)$ 的响应是在 $t=0$ 的瞬间立即跳升到∞,然后又立即回跳到零。其传递函数正好与积分环节互为倒数,T 是微分时间。图2-9(c)所示为理想微分运算放大器的实例,这时 $r(t)=u_r$,$c(t)=u_c$,$T=RC$。但实际上实现理想微分环节是很困难的。

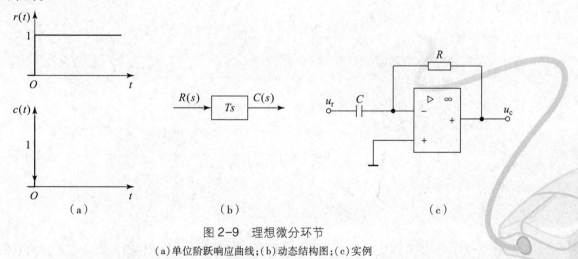

图2-9 理想微分环节

(a)单位阶跃响应曲线;(b)动态结构图;(c)实例

5. 一阶微分环节

一阶微分环节微分方程为

$$c(t) = T\frac{\mathrm{d}r(t)}{\mathrm{d}t} + r(t) \tag{2-23}$$

一阶微分环节传递函数为

$$G(s) = Ts + 1 \tag{2-24}$$

图 2-10(a)、图 2-10(b)分别是其单位阶跃响应曲线、动态结构图。图 2-10(c)是一个实例,其中:$T = R_1 C$。

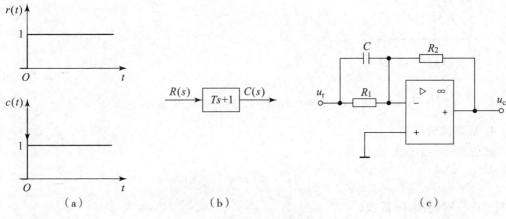

图 2-10 一阶微分(比例微分)环节
(a)单位阶跃响应曲线;(b)动态结构图;(c)实例

6. 振荡环节

振荡环节的微分方程为

$$T^2 \frac{\mathrm{d}^2 c(t)}{\mathrm{d}t^2} + 2\zeta T\frac{\mathrm{d}c(t)}{\mathrm{d}t} + c(t) = r(t) \tag{2-25}$$

或

$$\frac{\mathrm{d}^2 c(t)}{\mathrm{d}t^2} + 2\zeta\omega\frac{\mathrm{d}c(t)}{\mathrm{d}t} + \omega^2 c(t) = \omega^2 r(t) \tag{2-26}$$

式中 T——振荡环节的时间常数;

ω——振荡频率;

ζ——阻尼比,且 $0 < \zeta < 1$ 及 $T\omega = 1$(或 T 与 ω 互为倒数)。

振荡环节传递函数为

$$G(s) = \frac{1}{T^2 s^2 + 2\zeta T s + 1} \tag{2-27}$$

或

$$G(s) = \frac{\omega^2}{s^2 + 2\zeta\omega s + \omega^2} \tag{2-28}$$

图 2-11(a)、图 2-11(b)所示为其单位阶跃响应曲线、动态结构图。图 2-2 所示为它的一个实例(即例 2-2),其中 $r(t)$ 为 u_r,$c(t)$ 为 u_c。

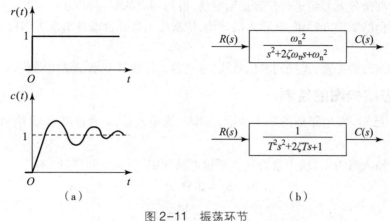

图2-11 振荡环节
(a)单位阶跃响应曲线;(b)动态结构图

7. 纯滞后环节

输入量为 $r(t)$ 时,输出量 $c(t)=r(t-\tau_0)$,其中 τ_0 是滞后时间。

纯滞后环节的传递函数为

$$G(s) = e^{-\tau_0 s} \qquad\qquad (2-29)$$

图2-12(a)、图2-12(b)是纯滞后环节的单位阶跃响应曲线和动态结构图。

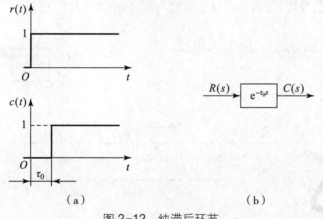

图2-12 纯滞后环节
(a)单位阶跃响应曲线;(b)动态结构图

模块三 动态结构图

在自动控制系统的原理框图中,把每个环节的传递函数分别填入相应的框中,相对应的量由 t 域变为 s 域,就得到了系统的动态结构图(简称结构图)。它具有简明、形象、直观、运算方便的优点,在分析和设计系统中经常用到。

一、绘制动态结构图的步骤

(1)确定系统(或环节)的输入量与输出量,根据所遵循的规律,从输入端开始,依次列写出系统中各元件或环节的标准微分方程组。

（2）对标准微分方程组进行拉普拉斯变换，得到相应的变换方程组。

（3）根据标准变换方程组，从输入端开始，依次绘出各元件或环节动态结构图，并标出其输入量和输出量。

（4）根据信号的关系，连接同名信号线，得到各元件或环节动态结构图。

二、动态结构图的绘制

例2-6 已知 RC 电路如图2-1所示，其中 u_r 为输入量，u_c 为输出量，试绘制该系统的动态结构图。

解 （1）输入量为 u_r，输出量为 u_c。根据电路知识，引入中间变量 i 有

$$u_r = iR + u_c$$

$$i = C \frac{\mathrm{d}u_c}{\mathrm{d}t}$$

（2）对以上标准微分方程组进行拉普拉斯变换，得以下变换方程组，即

$$I(s) = \frac{1}{R} [U_r(s) - U_c(s)]$$

$$U_c(s) = \frac{1}{Cs} I(s)$$

（3）从输入端开始，依次画出各元件的动态结构图，如图2-13（a）所示。

（4）连接同名信号线，最后连接成动态结构图，如图2-13（b）所示。

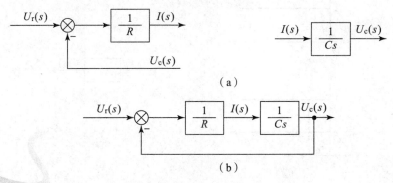

（a）

（b）

图 2-13 例 2-6 图

（a）元件动态结构图；（b）RC 电路的动态结构图

例2-7 试绘制如图2-14所示两级 RC 滤波电路的动态结构图。

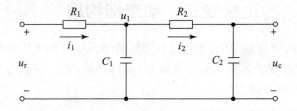

图 2-14 两级 RC 滤波电路的动态结构图

解 （1）其输入量为 u_r，输出量为 u_c，根据电路知识，引入中间变量 i_1, u_1, i_2，依次写出其

各个标准微分方程,即

$$i_1 = \frac{u_r - u_1}{R_1}$$

$$u_1 = \frac{1}{C_1} \int (i_1 - i_2)\,\mathrm{d}t$$

$$i_2 = \frac{u_1 - u_c}{R_2}$$

$$u_c = \frac{1}{C_2} \int i_2\,\mathrm{d}t$$

(2)对以上微分方程组进行拉普拉斯变换,得相应的变换方程组为

$$I_1(s) = \frac{1}{R_1}\big[\,U_r(s) - U_1(s)\,\big]$$

$$U_1(s) = \frac{1}{C_1 s}\big[\,I_1(s) - I_2(s)\,\big]$$

$$I_2(s) = \frac{1}{R_2}\big[\,U_1(s) - U_c(s)\,\big]$$

$$U_c(s) = \frac{1}{C_2 s} I_2(s)$$

(3)从输入端开始,依次画出各元件的动态结构图,并连接同名信号线,最后连接成动态结构图,如图 2-15 所示。

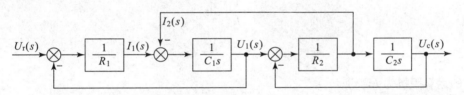

图 2-15　两级 RC 滤波电路的动态结构图

三、运算阻抗法绘制动态结构图

电路中利用运算阻抗法绘制动态结构图更加形象、简便。

1. 运算阻抗

定义式为

$$Z(s) = \frac{U(s)}{I(s)} \tag{2-30}$$

式中　$Z(s)$——运算阻抗;

　　$U(s)$——电压的拉普拉斯变换;

　　$I(s)$——电流的拉普拉斯变换。

2. 电路中的基本元件

(1)电阻元件 R。

电压与电流的关系为

$$u = iR$$

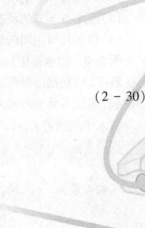

$$i = \frac{u}{R}$$

$$Z(s) = \frac{U(s)}{I(s)} = R$$

R 的运算阻抗为 R。

（2）电容元件 C。

电压与电流的关系为

$$u = \frac{1}{C}\int i\,\mathrm{d}t$$

$$i = C\frac{\mathrm{d}u}{\mathrm{d}t}$$

$$Z(s) = \frac{U(s)}{I(s)} = \frac{1}{Cs}$$

C 的运算阻抗为 $\frac{1}{Cs}$。

（3）电感元件 L。

电压与电流的关系为

$$u = L\frac{\mathrm{d}i}{\mathrm{d}t}$$

$$i = \frac{1}{L}\int u\,\mathrm{d}t$$

$$Z(s) = \frac{U(s)}{I(s)} = Ls$$

L 的运算阻抗为 Ls。

3. 系统的动态结构图的绘制步骤

（1）根据信号传递过程，将系统划分为若干个环节。

（2）确定各环节的输入量与输出量，求出各环节的传递函数。

（3）绘出各环节的动态结构图。

（4）将各环节相同的量依次连接，得到系统动态结构图。

例 2-8 用运算阻抗法绘制如图 2-14 所示两级 RC 滤波电路的动态结构图。

解 （1）根据信号传递过程，按元件将系统划分为 4 个环节，即 R_1、C_1、R_2、C_2。

（2）确定各环节的输入量与输出量，求出各环节的传递函数。

引入中间变量 i_1，u_1，i_2，R_1 输入量为 $u_r - u_1$，输出量为 i_1，传递函数为

$$\frac{I_1(s)}{U_r(s) - U_1(s)} = \frac{1}{R_1}$$

C_1 输入量为 $i_1 - i_2$，输出量为 u_1，传递函数为

$$\frac{U_1(s)}{I_1(s) - I_2(s)} = \frac{1}{C_1 s}$$

R_2 输入量为 $u_1 - u_c$，输出量为 i_2，传递函数为

$$\frac{I_2(s)}{U_1(s) - U_c(s)} = \frac{1}{R_2}$$

C_2输入量为i_2,输出量为u_c,传递函数为

$$\frac{U_c(s)}{I_2(s)} = \frac{1}{C_2 s}$$

(3)绘出各环节的动态结构图,如图2-16所示。

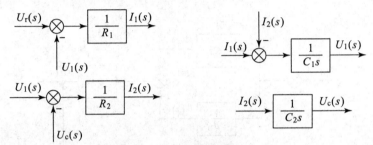

图2-16　各环节的动态结构图

(4)将各环节相同的量依次连接,得到系统的动态结构图如图2-17所示。

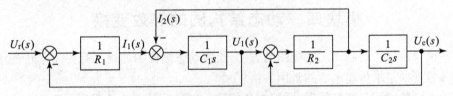

图2-17　系统的动态结构图

例2-9　试绘制图2-18所示的动态结构图。

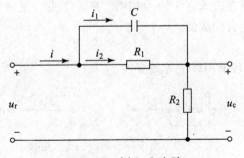

图2-18　例2-9电路

解　根据运算阻抗法绘制动态结构图。

(1)根据信号传递过程,按元件将系统划分为3个环节,即R_1、C、R_2。

(2)确定各环节的输入量与输出量,求出各环节的传递函数。

引入中间变量i_1,i_2。

C输入量为u_r-u_c,输出量为i_1,传递函数为

$$\frac{I_1(s)}{U_r(s) - U_c(s)} = Cs$$

R_1输入量为u_r-u_c,输出量为i_2,传递函数为

$$\frac{I_2(s)}{U_r(s) - U_c(s)} = \frac{1}{R_1}$$

R_2输入量为i，输出量为u_c，传递函数为

$$\frac{U_c(s)}{I_1(s) + I_2(s)} = R_2$$

（3）绘出各环节的动态结构图，并连接同名信号线，最后连线成动态结构图，如图2-19所示。

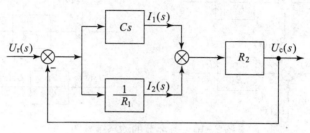

图2-19　动态结构图

模块四　动态结构图的等效变换

上一模块讲述了绘制动态结构图的方法，绘制动态结构图的目标是为了求传递函数，结构图的等效变换是求传递函数的常用方法。

等效变换的原则是变换前后，系统中各信号（变量）间的数学关系保持不变。

一、基本连接方式

动态结构图的基本连接方式有3种，即串联、并联、反馈。复杂系统的动态结构图都是由这3种基本的连接方式组合而成的。

1. 串联

图2-20所示为两个环节串联的等效变换。

$R(s)$ → $G_1(s)$ → $U(s)$ → $G_2(s)$ → $C(s)$　　　　　$R(s)$ → $G_1(s)G_2(s)$ → $C(s)$

图2-20　两个环节串联的等效变换

$$G(s) = \frac{C(s)}{R(s)} = \frac{C(s)}{U(s)} \cdot \frac{U(s)}{R(s)} = G_2(s)G_1(s)$$

传递函数为$G_1(s)$、$G_2(s)$、$\cdots$、$G_n(s)$的n个环节相串联，其等效传递函数为

$$G(s) = \prod_{i=1}^{n} G_i(s)$$

串联环节的等效传递函数为各环节传递函数之积。

2. 并联

图2-21所示为两个环节并联的等效变换。

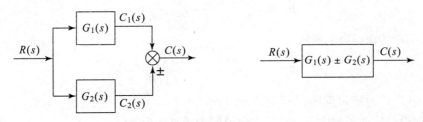

图 2-21 两个环节并联的等效变换

$$G(s) = \frac{C(s)}{R(s)} = \frac{C_1(s) \ \pm C_2(s)}{R(s)} = G_1(s) \ \pm G_2(s)$$

传递函数为 $G_1(s)$、$G_2(s)$、$\cdots$、$G_n(s)$ 的 n 个环节相并联,其等效传递函数为

$$G(s) = \sum_{i=1}^{n} G_i(s)$$

并联环节的等效传递函数为各环节传递函数的代数和。

3. 反馈连接

图 2-22 所示为反馈连接的等效变换。

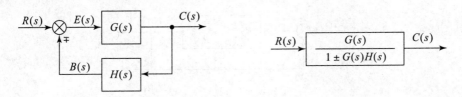

图 2-22 反馈连接的等效变换

根据信号之间的关系,由图 2-22 可知:

$$C(s) = E(s)G(s) \tag{2-31}$$

$$B(s) = C(s)H(s) \tag{2-32}$$

当为负反馈时,有

$$E(s) = R(s) \ - B(s) \tag{2-33}$$

把式(2-32)代入式(2-33),得

$$E(s) = R(s) \ - C(s)H(s) \tag{2-34}$$

把式(2-34)代入式(2-31),得

$$C(s) = [R(s) \ - C(s)H(s)]G(s)$$

整理得

$$C(s)[1 + G(s)H(s)] = G(s)R(s)$$

$$\Phi(s) = \frac{C(s)}{R(s)} = \frac{G(s)}{1 + G(s)H(s)} \tag{2-35}$$

当为正反馈时,式(2-33)变为

$$E(s) = R(s) \ + B(s)$$

同理可得

$$\Phi(s) = \frac{C(s)}{R(s)} = \frac{G(s)}{1 - G(s)H(s)} \qquad (2-36)$$

可见,闭环传递函数的通式为

$$\Phi(s) = \frac{C(s)}{R(s)} = \frac{G(s)}{1 \pm G(s)H(s)} \qquad (2-37)$$

式(2-37)中,"+"对应负反馈;"-"对应正反馈。

前向通道的传递函数为 $G(s)$,反馈通道的传递函数为 $H(s)$。

例 2-10 化简图 2-19 所示的动态结构图,求传递函数 $\dfrac{U_c(s)}{U_r(s)}$。

解 由系统结构图 2-19 可知,Cs 和 $\dfrac{1}{R_1}$ 是并联,其等效变换如图 2-23(a)所示,$Cs + \dfrac{1}{R_1}$ 和 R_2 是串联,其等效变换如图 2-23(b)所示,最后是一个负反馈,等效变换为 2-23(c)所示。

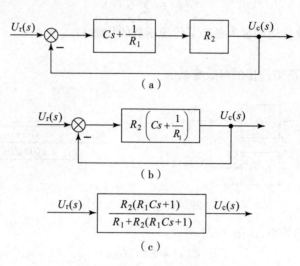

图 2-23　系统结构图

$$\frac{U_c(s)}{U_r(s)} = \frac{R_2(R_1 Cs + 1)}{R_1 + R_2(R_1 Cs + 1)}$$

例 2-11 根据图 2-24 所示系统结构图,试求传递函数。

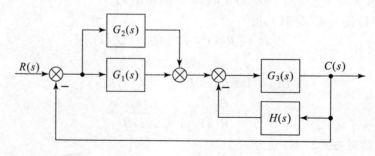

图 2-24　系统结构图

解 由系统结构图 2-24 可知:$G_1(s)$ 和 $G_2(s)$ 是并联,$G_3(s)$ 和 $H(s)$ 是反馈,其等效变换

如图 2-25(a)所示。最后是一个单位负反馈,其等效变换图如图 2-25(b)所示。

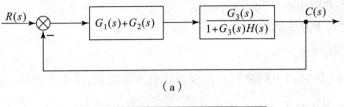

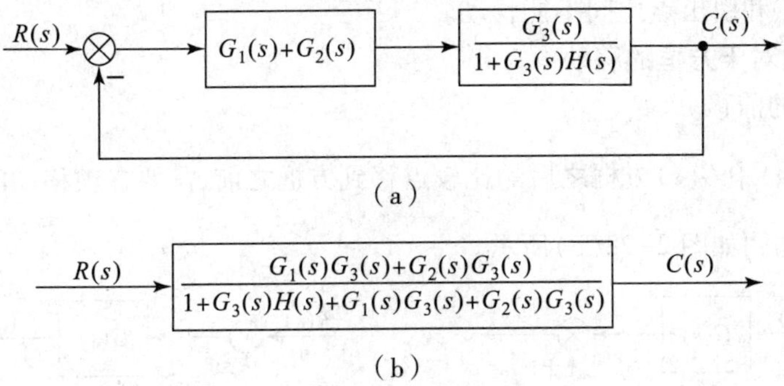

（a）

$$\frac{G_1(s)G_3(s)+G_2(s)G_3(s)}{1+G_3(s)H(s)+G_1(s)G_3(s)+G_2(s)G_3(s)}$$

（b）

图 2-25　等效变换后的系统结构图

$$\frac{C(s)}{R(s)}=\frac{G_1(s)G_3(s)+G_2(s)G_3(s)}{1+G_3(s)H(s)+G_1(s)G_3(s)+G_2(s)G_3(s)}$$

二、比较点、引出点的移动

在一些复杂系统的动态结构图中(如图 2-17 所示的两级 *RC* 滤波网络的系统结构图),常存在交叉连接。为了消除交叉连接,需移动某些比较点和引出点的位置。

1. 连续引出点、连续比较点之间的移动

连续的引出点可以任意交换,如图 2-26 所示。

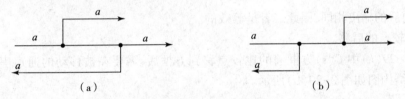

（a）　　　　　　　　　　　　　　（b）

图 2-26　引出点之间的移动

将图 2-26(a)所示的两个引出点交换位置之后,其等效结构图如图 2-26(b)所示。移动前后相邻引出点的输出相同,说明引出点之间可以任意移动。

连续的比较点可以任意交换,如图 2-27 所示。

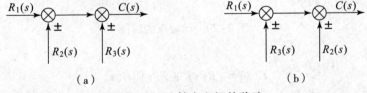

（a）　　　　　　　　　　　　　　（b）

图 2-27　比较点之间的移动

将图 2-27(a)所示的两个比较点交换位置之后,其等效结构图如图 2-27(b)所示。

移动前,有

$$C(s)=R_1(s)\pm R_2(s)\pm R_3(s)$$

移动后,有

$$C(s)=R_1(s)\pm R_3(s)\pm R_2(s)$$

移动前后的输出相同,这说明比较点之间可以任意移动。

注意:比较点和引出点之间不能移动。

2. 比较点相对于方框的移动

(1)比较点的前移。

将图2-28(a)中 $G(s)$ 方框之后的比较点移到方框之前,需要在被移动的通道串上 $\dfrac{1}{G(s)}$ 方框,其等效结构图如图2-28(b)所示。

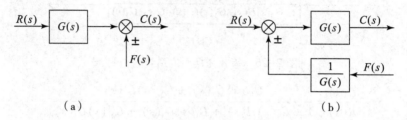

（a） （b）

图2-28 比较点的前移

移动前,有

$$C(s) = R(s)G(s) \pm F(s)$$

移动后,有

$$C(s) = R(s)G(s) \pm \frac{1}{G(s)}F(s)G(s) = R(s)G(s) \pm F(s)$$

移动前后的输出相同,因此二者是等效的。

(2)比较点的后移。

将图2-29(a)中 $G(s)$ 方框前的比较点移到方框后,需要在被移动的通道串上 $G(s)$ 方框,其等效结构图如图2-29(b)所示。

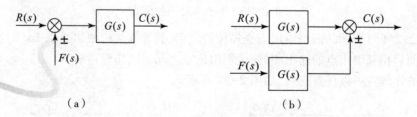

（a） （b）

图2-29 比较点的后移

移动前,有

$$C(s) = [R(s) \pm F(s)]G(s)$$

移动后,有

$$C(s) = R(s)G(s) \pm F(s)G(s) = [R(s) \pm F(s)]G(s)$$

3. 引出点相对于方框的移动

(1)引出点的前移。

将图2-30(a)中 $G(s)$ 方框后的引出点移到方框前,需要在被移动的通道串上 $G(s)$ 方框,其等效结构图如图2-30(b)所示。

移动前,有

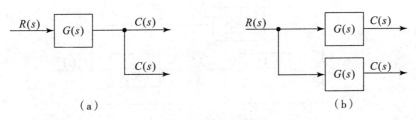

图 2-30　引出点的前移

$$C(s) = R(s)G(s)$$

移动后,有

$$C(s) = R(s)G(s)$$

移动前后的输出相同,因此二者是等效的。

(2)引出点的后移。

将图 2-31(a)中 $G(s)$ 方框前的引出点移到方框后,需要在被移动的通道串上 $\dfrac{1}{G(s)}$ 方框,其等效结构图如图 2-31(b)所示。

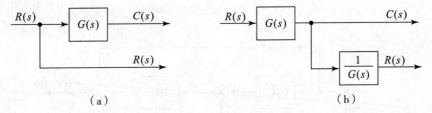

图 2-31　引出点的后移

移动前,有

$$C(s) = G(s)R(s)$$

移动后,有

$$R(s) = \frac{1}{G(s)} C(s)$$

移动前后的输出相同,因此二者是等效的。

化简的方法是:首先移动比较点和引出点,消除交叉连接,使结构图变成独立的回路,其次进行串联、并联和反馈的等效变换,最后得到系统的传递函数。

例 2-12　试求系统结构图如图 2-17 所示的两级 RC 滤波网络的传递函数 $\dfrac{U_c(s)}{U_r(s)}$。

解　这是一个多回路的动态结构图,图中有多处交叉,所以必须移动比较点和引出点,消除交叉连接,分离成独立回路。移动过程如图 2-32(a)、图 2-32(b)所示,从而求得系统的传递函数,等效结构图如图 2-32(c)所示。

传递函数为

$$\frac{U_c(s)}{U_r(s)} = \frac{1}{R_1 R_2 C_1 C_2 s^2 + (R_1 C_1 + R_2 C_2 + R_1 C_2)s + 1}$$

例 2-13　化简图 2-33 所示的系统结构图,求传递函数 $\dfrac{C(s)}{R(s)}$。

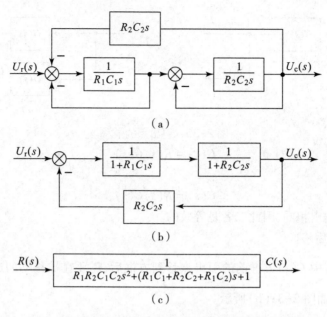

（a）

（b）

（c）

图 2-32 两级 RC 滤波电路动态结构图的等效变换

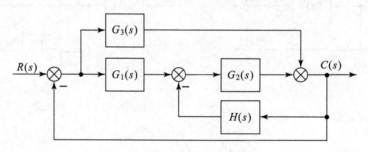

图 2-33 系统的动态结构图

解 首先将图 2-33 中的中间比较点移动，如图 2-34（a）所示。其次求出并联和反馈连接的传递函数，如图 2-34（b）所示。最后求出系统反馈的传递函数，等效结构图如图 2-34（c）所示。

传递函数为

$$\frac{C(s)}{R(s)} = \frac{G_1(s)G_2(s) + G_3(s)}{1 + G_2(s)H(s) + G_1(s)G_2(s) + G_3(s)}$$

模块五　梅逊公式

一些复杂的系统，利用动态结构图的等效变换求传递函数，非常麻烦，而且有些系统利用动态结构图的等效变换是求不出传递函数的。

利用梅逊（Mason）公式可以避免复杂的动态结构图的等效变换，直接求出动态结构图所描述的控制系统的传递函数。

在介绍公式前需要掌握一些术语。

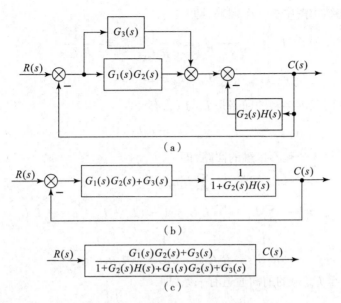

（a）

（b）

（c）

图 2-34 动态结构图的等效变换

一、常用术语

（1）前向通道：指从输入量开始，沿着箭头方向直到输出量的信号传递通道。前向通道中每个方框内的传递函数乘积为前向通道传递函数。

（2）反馈通道：指输出量又重新送到输入端的信号传递通道。反馈通道中每个方框内的传递函数乘积为反馈通道传递函数。

（3）不接触回路：指无公共部分的回路。

（4）回路：指从一变量开始，沿着箭头方向又重新回到这一变量的传递通道。回路传递函数：指每一个回路前向通道与反馈通道的传递函数的乘积，并且包含表示反馈极性的正、负号。

注意：前向通道、反馈通道、回路中不能有重复路径。

二、梅逊公式求传递函数

梅逊（Mason）公式为

$$\Phi(s) = \frac{C(s)}{R(s)} = \frac{1}{\Delta}\sum_{K=1}^{n}P_K\Delta_K \qquad (2-38)$$

式中 P_K——第 K 条前向通道的传递函数；

Δ_K——在 Δ 中除去与第 K 条前向通路相接触的回路后的剩余部分，Δ 为系统的特征式，Δ_K 称为第 K 条前向通路的余子式，Δ 按式（2-39）计算，即

$$\Delta = 1 - \sum_a L_a + \sum_{bc} L_b L_c - \sum_{def} L_d L_e L_f + \cdots \qquad (2-39)$$

式中 $\sum_a L_a$——所有回路传递函数之和；

$\sum_{bc} L_b L_c$——所有每两个互不接触回路传递函数乘积之和；

$\sum_{def} L_d L_e L_f$——所有每 3 个互不接触回路传递函数乘积之和。

例 2-14 已知系统的结构如图 2-17 所示，用梅逊公式求传递函数 $\dfrac{U_c(s)}{U_r(s)}$。

解 （1）动态结构图中有 3 个回路，即

$$L_1 = -\frac{1}{R_1 C_1 s}, L_2 = -\frac{1}{R_2 C_1 s}, L_3 = -\frac{1}{R_2 C_2 s}$$

$$\sum_a L_a = L_1 + L_2 + L_3$$

图 2-17 中两两互不接触的回路是 L_1 与 L_3，有

$$\sum_{bc} L_b L_c = L_1 L_3$$

图 2-17 中无每 3 个互不接触的回路，即

$$\sum_{def} L_d L_e L_f = 0$$

$$\Delta = 1 - \sum_a L_a + \sum_{bc} L_b L_c = 1 - (L_1 + L_2 + L_3) + L_1 L_3$$

$$= 1 + \frac{1}{R_1 C_1 s} + \frac{1}{R_2 C_1 s} + \frac{1}{R_2 C_2 s} + \frac{1}{R_1 R_2 C_1 C_2 s^2}$$

（2）由 $U_r(s)$ 至 $U_c(s)$ 的前向通道有一条，即

$$P_1 = \frac{1}{R_1 R_2 C_1 C_2 s^2}$$

前向通路与所有回路接触时，$\Delta_1 = 1$。

（3）根据梅逊公式，有

$$\frac{U_c(s)}{U_r(s)} = \frac{1}{\Delta} P_1 \Delta_1 = \frac{\dfrac{1}{R_1 R_2 C_1 C_2 s^2}}{1 + \dfrac{1}{R_1 C_1 s} + \dfrac{1}{R_2 C_1 s} + \dfrac{1}{R_2 C_2 s} + \dfrac{1}{R_1 R_2 C_1 C_2 s^2}}$$

$$= \frac{1}{R_1 R_2 C_1 C_2 s^2 + R_2 C_2 s + R_1 C_1 s + R_1 C_2 s + 1}$$

结果与前面结构图等效变换所得出的结果是相同的。

例 2-15 已知系统的结构如图 2-33 所示，用梅逊公式求传递函数 $\dfrac{C(s)}{R(s)}$。

解 （1）动态结构图 2-33 中有 3 个回路，即

$$L_1 = -G_2(s)H(s), L_2 = -G_1(s)G_2(s), L_3 = -G_3(s)$$

$$\sum_a L_a = L_1 + L_2 + L_3$$

图 2-33 中无两两互不接触的回路，即

$$\sum_{bc} L_b L_c = 0$$

$$\Delta = 1 - \sum_a L_a = 1 + G_2(s)H(s) + G_1(s)G_2(s) + G_3(s)$$

（2）由 $R(s)$ 至 $C(s)$ 的前向通道有两条，即

$$P_1 = G_1(s)G_2(s)$$

前向通路与所有回路接触时，$\Delta_1 = 1$。

$$P_2 = G_3(s)$$

前向通路与所有回路接触时，$\Delta_2 = 1$。

（3）根据梅逊公式，有

$$\frac{C(s)}{R(s)} = \frac{1}{\Delta}(P_1\Delta_1 + P_2\Delta_2) = \frac{G_1(s)G_2(s) + G_3(s)}{1 + G_2(s)H(s) + G_1(s)G_2(s) + G_3(s)}$$

结果与前面结构图等效变换所得出的结果是相同的。

例2-16　试用梅逊公式求图2-35所示动态结构图的传递函数$\frac{C(s)}{R(s)}$。

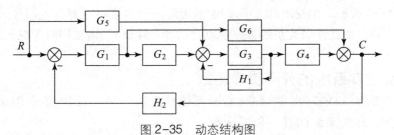

图2-35　动态结构图

解　（1）动态结构图中有3个回路，即

$$L_1 = -G_3H_1, L_2 = -G_1G_2G_3G_4H_2, L_3 = -G_1G_6H_2$$

$$\sum_a L_a = L_1 + L_2 + L_3$$

图2-35中两两互不接触的回路是L_1与L_3，有

$$\sum_{bc} L_bL_c = L_1L_3$$

图2-35中无每3个互不接触的回路，即

$$\sum_{def} L_dL_eL_f = 0$$

$$\Delta = 1 - \sum_a L_a + \sum_{bc} L_bL_c = 1 + G_3H_1 + G_1G_2G_3G_4H_2 + G_1G_6H_2 + G_3H_1G_1G_6H_2$$

（2）由R至C的前向通道有3条，即

$$P_1 = G_1G_2G_3G_4$$

P_1与所有回路都接触，$\Delta_1 = 1$。

$$P_2 = G_1G_6$$

P_2与L_1回路不接触，$\Delta_2 = 1 - L_1 = 1 + G_3H_1$。

$$P_3 = G_5G_3G_4$$

P_3与所有回路都接触，$\Delta_3 = 1$。

（3）根据梅逊公式，有

$$\frac{C(s)}{R(s)} = \frac{1}{\Delta}\sum P_K\Delta_K = \frac{1}{\Delta}(P_1\Delta_1 + P_2\Delta_2 + P_3\Delta_3)$$

$$= \frac{G_1G_2G_3G_4 + G_1G_6 + G_1G_6G_3H_1 + G_5G_3G_4}{1 + G_3H_1 + G_1G_2G_3G_4H_2 + G_1G_6H_2 + G_3H_1G_1G_6H_2}$$

模块六　控制系统的典型传递函数

控制系统一般受到两类信号的作用：一类是有用信号$r(t)$，即输入信号、给定信号、指令

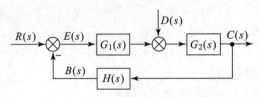

图 2-36　闭环控制系统的典型动态结构图

信号；另一类是各种扰动信号 $d(t)$。输入信号 $r(t)$ 加在控制装置的输入端，即系统的输入端。扰动信号 $d(t)$ 一般作用在被控对象上，但也可能出现在其他元部件上，甚至夹杂在输入信号中。一个系统往往有多个扰动信号，一般只考虑其中主要的扰动信号。闭环控制系统的典型结构如图 2-36 所示。在控制系统中，影响系统输出的因素不仅有输入信号 $r(t)$，而且还有扰动信号 $d(t)$。因此在研究系统被控量 $c(t)$ 的变化规律时，需要同时考虑 $r(t)$ 和 $d(t)$ 对系统的影响。

一、闭环控制系统的开环传递函数

将反馈环节 $H(s)$ 的输出端切断，断开系统的反馈通道。反馈信号 $B(s)$ 与输入信号 $R(s)$ 的比值，称为系统的开环传递函数。

闭环控制系统的开环传递函数等于前向通道的传递函数与反馈通道的传递函数的乘积，一般用 $G_k(s)$ 表示，即

$$G_k(s) = \frac{B(s)}{E(s)} = G_1(s)G_2(s)H(s) = G(s)H(s)$$

二、系统的闭环传递函数

1. 给定信号 $r(t)$ 作用下的闭环传递函数

由于只考虑 $r(t)$ 的作用，可设 $d(t)=0$，图 2-36 可简化为图 2-37。

$$\Phi_{cr}(s) = \frac{C(s)}{R(s)} = \frac{G_1(s)G_2(s)}{1+G_1(s)G_2(s)H(s)} = \frac{G(s)}{1+G(s)H(s)}$$

称 $\Phi_{cr}(s)$ 为 $r(t)$ 作用下的闭环传递函数，其输出量为

$$C(s) = \Phi_{cr}(s)R(s) = \frac{G(s)R(s)}{1+G(s)H(s)}$$

2. 扰动信号 $d(t)$ 作用下的闭环传递函数

由于只考虑 $d(t)$ 的作用，可设 $r(t)=0$，图 2-36 可简化为图 2-38。

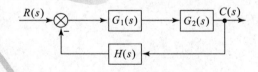

图 2-37　$r(t)$ 作用下的系统动态结构图

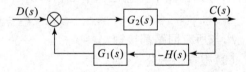

图 2-38　$d(t)$ 作用下的系统动态结构图

输出量 $c(t)$ 与扰动信号 $d(t)$ 之间的闭环传递函数为

$$\Phi_{cd}(s) = \frac{C(s)}{D(s)} = \frac{G_2(s)}{1+G_1(s)G_2(s)H(s)} = \frac{G_2(s)}{1+G(s)H(s)}$$

称 $\Phi_{cd}(s)$ 为 $d(t)$ 作用下的闭环传递函数，其输出量为

$$C(s) = \Phi_{cd}(s)D(s) = \frac{G_2(s)D(s)}{1+G(s)H(s)}$$

根据线性系统的叠加原理,系统的总输出为给定信号 $r(t)$ 和扰动信号 $d(t)$ 引起的输出的总和,得到系统的总输出为

$$C(s) = \Phi_{cr}(s)R(s) + \Phi_{cd}(s)D(s) = \frac{G(s)R(s)}{1 + G(s)H(s)} + \frac{G_2(s)D(s)}{1 + G(s)H(s)}$$

$$= \frac{G(s)R(s) + G_2(s)D(s)}{1 + G(s)H(s)}$$

三、系统的误差传递函数

控制系统误差的大小反映了系统的控制精度,必须分析误差与给定信号 $r(t)$ 和扰动信号 $d(t)$ 之间的关系。闭环系统的误差 $e(t)$ 是指给定信号 $r(t)$ 和反馈信号 $b(t)$ 之差,即

$$e(t) = r(t) - b(t)$$
$$E(s) = R(s) - B(s)$$

1. $r(t)$ 作用下闭环系统的误差传递函数

令 $d(t) = 0$,以 $E(s)$ 为输出量,将图 2-36 转换为图 2-39,求得

$$\Phi_{er}(s) = \frac{E(s)}{R(s)} = \frac{1}{1 + G_1(s)G_2(s)H(s)} = \frac{1}{1 + G(s)H(s)}$$

2. $d(t)$ 作用下闭环系统的误差传递函数

令 $r(t) = 0$,以 $E(s)$ 为输出量,将图 2-36 转换为图 2-40,求得

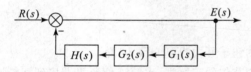 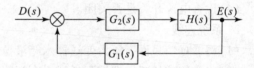

图 2-39　$r(t)$ 作用下误差输出的动态结构图　　图 2-40　$d(t)$ 作用下误差输出的动态结构图

$$\Phi_{ed}(s) = \frac{E(s)}{D(s)} = \frac{-G_2(s)H(s)}{1 + G_1(s)G_2(s)H(s)} = \frac{-G_2(s)H(s)}{1 + G(s)H(s)}$$

由叠加原理可得,系统的总误差为

$$E(s) = \Phi_{er}(s)R(s) + \Phi_{ed}(s)D(s) = \frac{R(s) - G_2(s)H(s)D(s)}{1 + G(s)H(s)}$$

比较 $\Phi_{cr}(s)$、$\Phi_{cd}(s)$、$\Phi_{er}(s)$ 和 $\Phi_{ed}(s)$ 可以看出,它们都具有相同的分母 $[1+G_1(s)G_2(s)H(s)]$,即它们均具有相同的特征方程为

$$1 + G_1(s)G_2(s)H(s) = 0$$

特征方程反映了它们共同的本质,其根就是反馈控制系统的闭环特征根。

项目　一阶对象的数学模型

一、项目描述

一阶对象传递函数

$$G(s) = \frac{C(s)}{R(s)} = \frac{1}{Ts+1}$$

由图 2-7(a)可知一阶对象的输出 $c(t)$ 对输入 $r(t)$ 的响应较慢,但最后 $c(\infty)$ 的幅值与 $r(t)$ 相同。$c(t)$ 的响应速度 $\dfrac{dc(t)}{dt}$ 在起始时刻最大,以后慢慢减少,直至为零。并且用 $c(t)$ 以起始速度 $\dfrac{dc(t)}{dt}\Big|_{t=0}$,到 $c(\infty)$ 时所需的时间 T 来表示 $c(t)$ 响应过程的快慢,称为时间常数。显然,T 越小,$c(t)$ 达到 $c(\infty)$ 的过渡过程越快。

二、项目目标

1. 熟悉一阶对象的数学模型。

2. 掌握根据阶跃响应曲线,确定传递函数的方法。

三、使用设备

过程控制实训装置、上位机软件、计算机、RS232-485 转换器 1 只、串口线 1 根、万用表、实训连接线。

四、项目实施内容和步骤

1. 设备的连接和检查

(1)水箱灌满水(至最高高度)。

(2)打开以泵、电动调节阀、涡轮流量计组成的动力支路至水箱的出水阀,关闭动力支路上通往其他对象的切换阀。

(3)打开水箱的出水阀。

(4)检查电源开关是否关闭。

2. 系统连线

(1)将 I/O 信号面上压力变送器水箱液位的钮子开关打到 OFF 位置。

(2)将水箱液位正极端接到任意一个智能调节仪的正极端,水箱液位负极端接到智能调节仪的负极端。

(3)将智能调节仪的输出端的正极端接至电动调节阀的输入端的正极端,将智能调节仪的输出端的负极端接至电动调节阀输入端的负极端。

(4)电源控制板上的三相电源空气开关、单相I空气开关、单相泵电源开关打在关的位置。

(5)电动调节阀的电源开关打在关的位置。

(6)智能调节仪的电源开关打在关的位置。

3. 启动实训装置

(1)将实训装置电源插头接到三相 380 V 的三相交流电源。

(2)打开总电源漏电保护空气开关,电压表指示 380 V。

(3)打开电源总钥匙开关,按下电源控制屏上的启动按钮,即可开启电源。

4. 实施步骤

(1)开启空气开关,根据仪表使用说明书和液位传感器使用说明调整好仪表各项参数和液位传感器的零位、增益,仪表输出方式设为手动输出,初始值为 0。

(2)启动计算机组态软件,进入实训系统。

(3)双击设定输出按钮,设定输出值的大小。开启单相泵电源开关,启动动力支路。

(4)观察系统的被调量:水箱的水位是否趋于平衡状态。若已平衡,应记录调节仪输出值,以及水箱水位的高度和智能仪表的测量显示值。

（5）迅速增加仪表手动输出值,增加5%的输出量,记录此引起的阶跃响应的过程参数,它们均可在上位软件上获得。

（6）直到进入新的平衡状态。再次记录平衡时的下列数据。

（7）将仪表输出值调回到步骤（5）前的位置,再用秒表和数字表记录由此引起的阶跃响应过程参数与曲线。

（8）重复上述实训步骤。

五、项目报告

（1）绘制一阶对象的阶跃响应曲线。

（2）根据阶跃响应曲线,求出一阶对象的相关参数,并得出数学模型。

六、项目评价表

项目名称		一阶对象的数学模型			
课程名称		专业名称		班级	
姓名		成员		组号	
实施	配分	操作要求	评价细则	扣分点	得分
设备的连接和检查	10分	1. 对一阶对象能正确分析。（5分） 2. 熟悉设备功能。（5分）	1. 一阶对象分析不全面,扣2分。 2. 一阶对象需要在教师或组员指引下分析,扣3分。 3. 一阶对象完全不懂,扣5分。 4. 设备功能不完全清楚,扣2分。 5. 设备功能需要在教师或组员指引下实现,扣3分。 6. 设备功能完全不懂,扣5分。		
系统连线	10分	1. 能合理进行布局。（5分） 2. 连线正确。（5分）	1. 布局不合理,扣3分。 2. 连线杂乱无序,扣5分。 3. 连线相对工整,扣2分。		
启动实验装置	10分	启动顺序。（10分）	启动顺序不正确,扣10分。		
实施步骤	40分	1. 调整好仪表各项参数,并调零设初始值。（10分） 2. 记录调节仪输出值,以及水箱水位的高度和智能仪表的测量显示值。（15分） 3. 记录阶跃响应过程参数与曲线。（15分）	1. 仪表各项参数,并调零设初始值不正确扣10分。 2. 调节仪输出值,以及水箱水位的高度和智能仪表的测量显示值不正确各扣5分。 3. 阶跃响应过程参数与曲线不正确酌情扣分。		
项目报告	20分	1. 绘制一阶对象的阶跃响应曲线。（10分） 2. 根据阶跃响应曲线,求出一阶对象的相关参数,并得出传递函数（10分）	1. 阶跃响应过程参数与曲线不正确酌情扣分。 2. 一阶环节的相关参数不正确,扣5分。 3. 传递函数不正确,扣5分。		

续表

实施	配分	操作要求	评价细则	扣分点	得分
安全文明操作	10分	1. 工作台上实训连接线摆放整齐。（5分） 2. 严格遵守安全文明操作规程。（5分）	1. 工作台上实训连接线摆放不整齐,扣5分。 2. 遵守安全文明操作,错一处扣2分。		
总分					

知识梳理

本单元主要介绍了六方面的内容。

（1）系统的数学模型：指描述系统内各变量之间关系的数学表达式。

（2）常用的数学模型有：微分方程、传递函数、动态结构图等。

（3）系统（或环节）的传递函数：对线性定常系统（或环节），在零初始条件下，输出量的拉氏变换与输入量的拉氏变换之比。

（4）自动控制系统的典型环节：比例环节、惯性环节、积分环节、理想微分环节、一阶微分环节、振荡环节和纯滞后环节。

（5）控制系统的典型传递函数可分为开环传递函数、闭环传递函数和误差传递函数。

（6）求传递函数的方法：基本定义法、动态结构图等效变换法、梅逊公式法。

思考题与习题

2-1 什么是数学模型？常用的数学模型有哪些？

2-2 传递函数的定义及定义式？

2-3 典型环节有哪几种？其传递函数分别是什么？

2-4 列写图2-41所示电路的标准微分方程，并求出传递函数。图2-41中 u_r 为输入量, u_c 为输出量。

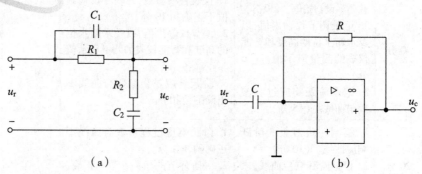

（a）   （b）

图2-41 题2-4图

2-5 求出图2-42所示电路的传递函数。图中 u_r 为输入量, u_c 为输出量。

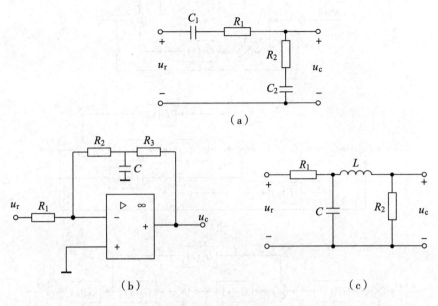

（a）

（b）　　　　　（c）

图 2-42　题 2-5 图

2-6　化简图 2-43 中的动态结构图，并求出传递函数 $\dfrac{C(s)}{R(s)}$。

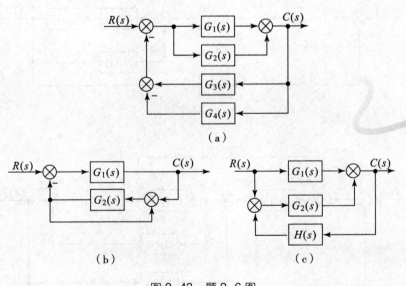

（a）

（b）　　　　　（c）

图 2-43　题 2-6 图

2-7　试用梅逊公式求图 2-44 所示动态结构图的传递函数 $\dfrac{C(s)}{R(s)}$。

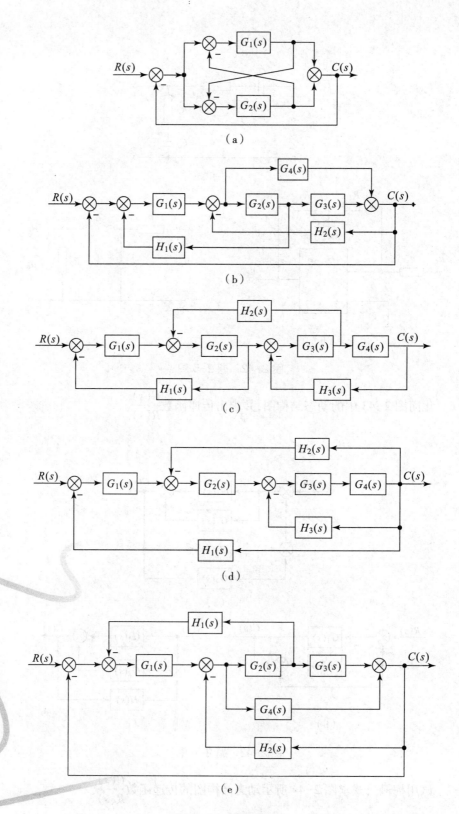

图 2-44　题 2-7 图

2-8　已知系统动态结构图如图 2-45 所示,试求传递函数 $\dfrac{C(s)}{R(s)}$ 和 $\dfrac{C(s)}{D(s)}$。

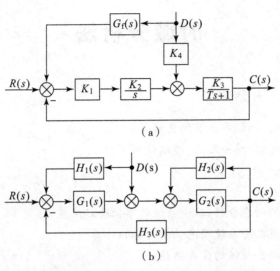

（a）

（b）

图 2-45　题 2-8 图

2-9　已知系统动态结构图如图 2-46 所示,试求传递函数 $\dfrac{C(s)}{R(s)}$、$\dfrac{C(s)}{D(s)}$、$\dfrac{E(s)}{R(s)}$ 和 $\dfrac{E(s)}{D(s)}$。

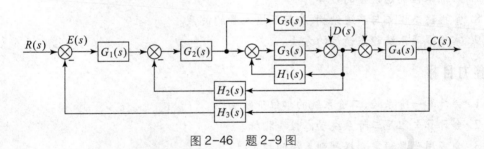

图 2-46　题 2-9 图

第3单元

时域分析法

❖ 素质目标

1. 培养学生勤于思考、做事认真的良好作风。
2. 培养学生融会贯通,举一反三,学以致用。

❖ 知识目标

1. 掌握一阶系统的动态分析、二阶系统的单位阶跃响应。
2. 熟练掌握欠阻尼二阶系统动态性能指标的计算。
3. 掌握二阶系统动态特性的改善措施。
4. 理解系统稳定的概念。
5. 掌握系统稳定的充分必要条件。
6. 熟练掌握劳斯稳定性判据理解稳态误差的概念。
7. 熟练掌握稳态误差的计算。
8. 掌握稳态误差与系统结构、参数及输入量的关系。
9. 掌握提高系统稳态精度的方法。

❖ 能力目标

1. 会计算一阶系统、二阶系统的单位阶跃响应。
2. 会计算欠阻尼二阶系统动态性能指标。
3. 会应用代数稳定判据判别系统的稳定性。
4. 会计算系统的稳态误差。
5. 学会时域法分析设计控制系统。

数学模型建立之后,就要采取不同的方法来分析系统的动态性能和稳态性能。经典控制理论中常用的控制系统分析法有时域分析法、根轨迹分析法和频域分析法。时域分析法是最基本的一种分析法,具有直观、准确的优点。

模块一　控制系统的性能指标

一、典型输入信号

控制系统的动态性能是通过系统的动态响应过程来评价的。而系统的动态响应不仅取决于系统本身的结构参数,还与系统的初始状态及输入信号有关。需要一些典型的输入信号作为系统的试验信号。

时域分析法中常用的典型输入信号有以下几种：

1. 阶跃信号

信号的变化形式是一种瞬间突变且长时间持续作用的形式,如图 3-1(a)所示。

其数学表达式为

$$r(t)=\begin{cases} 0 & t<0 \\ R_0 & t\geqslant 0 \end{cases} \tag{3-1}$$

相应的拉普拉斯变换为

$$R(s)=\frac{R_0}{s}$$

式中　R_0——常量。

当 $R_0=1$ 时称为单位阶跃函数,并用符号 $1(t)$ 来表示。

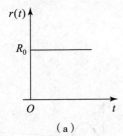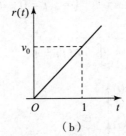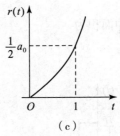

图 3-1　典型输入信号(一)

(a)阶跃信号;(b)斜坡信号;(c)抛物线信号

2. 斜坡信号

表示由零值开始随时间 t 线性增长的信号,如图 3-1(b)所示。

其数学表达式为

$$r(t)=\begin{cases} 0 & t<0 \\ v_0t & t\geqslant 0 \end{cases} \tag{3-2}$$

相应的拉普拉斯变换为

$$R(s)=\frac{v_0}{s^2}$$

式中　v_0——常量。

当 $v_0=1$ 时称为单位斜坡函数。

3. 抛物线信号

表示由零值开始随时间以等加速度增长的信号,如图 3-1(c)所示。

其数学表达式为

$$r(t)=\begin{cases} 0 & t<0 \\ \dfrac{1}{2}a_0t^2 & t\geqslant 0 \end{cases} \tag{3-3}$$

相应的拉普拉斯变换为

$$R(s) = \frac{a_0}{s^3}$$

式中　a_0——常量。

当 $a_0 = 1$ 时称为单位抛物线函数。

4. 脉冲信号

表示一个持续时间极短的信号，如图 3-2(a) 所示。

其数学表达式为

$$r(t) = \begin{cases} 0 & t < 0, t > \varepsilon \\ \dfrac{H}{\varepsilon} & 0 \leq t \leq \varepsilon \end{cases} \tag{3-4}$$

单位理想脉冲函数，用符号 $\delta(t)$ 表示，如图 3-2(b) 所示。

$$r(t) = \begin{cases} 0 & t \neq 0 \\ \infty & t = 0 \end{cases} \tag{3-5}$$

且脉冲面积为

$$\int_{-\infty}^{+\infty} \delta(t) = 1$$

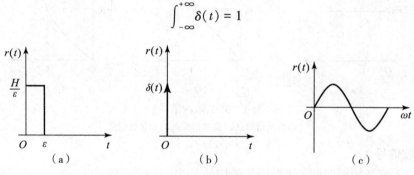

图 3-2　典型输入信号（二）

(a)脉冲信号；(b)单位理想脉冲信号；(c)正弦信号

相应的拉普拉斯变换为

$$R(s) = 1$$

5. 正弦函数

数学表达式为

$$r(t) = \begin{cases} 0 & t < 0 \\ A\sin\omega t & t \geq 0 \end{cases} \tag{3-6}$$

相应的拉普拉斯变换为

$$R(s) = \frac{A\omega}{s^2 + \omega^2}$$

式中　A—幅值　ω—频率

图 3-2(c) 所示为实践中最易得到的一种信号形式，主要在控制系统的频域分析中应用。

二、控制系统的性能指标

为了准确地描述系统的稳定性、准确性和快速性 3 个方面的性能，定义了反映稳、准、快

3 个方面性能的指标。

系统的性能指标分为动态性能指标和稳态性能指标。常用的性能指标是根据典型系统的单位阶跃响应定义的,典型系统的单位阶跃响应曲线与性能指标如图 3-3 所示。

1. 动态性能指标

(1)上升时间 t_r。对于有振荡的系统,一般指系统输出响应从 0 开始第一次上升到稳态值所需的时间。对于无振荡的系统,指响应从稳态值 10%上升到稳态值 90%所需的时间。上升时间越短,响应速度越快。

(2)峰值时间 t_p。它指系统输出响应从 0 开始超过其稳态值达到第一个峰值所需的时间。

(3)超调量 $\sigma\%$。它指在过渡过程曲线上,系统输出响应的最大值 c_{max} 与其稳态值 $c(\infty)$ 之差与稳态值之比的百分数。即

$$\sigma\% = \frac{c_{max} - c(\infty)}{c(\infty)} \times 100\% \qquad (3-7)$$

它反映了系统过渡过程的相对平稳性。$\sigma\%$ 越小,系统的相对平稳性越好。

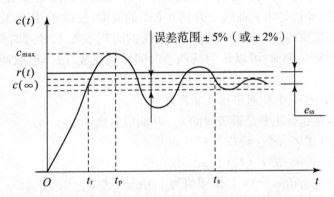

图 3-3 典型系统的单位阶跃响应曲线与性能指标

(4)调节时间 t_s。当系统输出响应完全进入其新稳态值的±5%(或±2%)的误差范围以内而不再越出此范围时,就认为过渡过程结束。因此,调节时间 t_s 就是从 0 开始到系统输出响应进入并保持在其新稳态值的±5%(或取±2%)误差范围内所需的最短时间。调节时间 t_s 越小,系统快速性越好。

2. 稳态性能指标

稳态误差 e_{ss} 是指系统期望值与实际输出的最终稳态值之间的差值。e_{ss} 越小,说明系统稳态精度越高,系统准确性越好。

模块二 控制系统的性能分析

一、一阶系统的性能分析

1. 一阶系统的数学模型

当控制系统的数学模型为一阶微分方程式时,称为一阶系统。图 3-4 所示为一阶系统

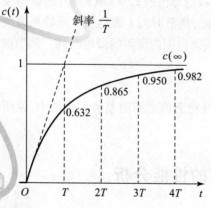

图 3-4　一阶系统的动态
结构图

的动态结构图。

闭环传递函数为

$$\Phi(s) = \frac{C(s)}{R(s)} = \frac{1}{Ts+1}$$

式中　T——时间常数。

2. 一阶系统的响应及性能分析

（1）单位阶跃响应：系统在单位阶跃信号作用下的输出响应，称为单位阶跃响应。

设输入 $R(s) = \dfrac{1}{s}$，则输出量为

$$C(s) = \Phi(s)\frac{1}{s} = \frac{1}{Ts+1}\frac{1}{s} = \frac{1}{s} - \frac{1}{s+\dfrac{1}{T}}$$

单位阶跃响应为

$$c(t) = 1 - \mathrm{e}^{-\frac{1}{T}t} \quad t > 0 \tag{3-8}$$

一阶系统在单位阶跃输入下的响应曲线如图 3-5 所示。由图 3-5 可知，一阶系统是稳定、无振荡的。系统经过时间 T 曲线上升到 0.632 的高度；反过来，用实验的方法测出响应曲线达到 0.632 高度点所用的时间，即是一阶系统的时间常数 T，经过时间 $3T \sim 4T$，响应曲线已达稳态值的 $95\% \sim 98\%$，可以认为其调整时间已经完成，故一般取调整时间 $t_s = (3 \sim 4)T$。

因为没有超调，$\sigma\% = 0$，相对平稳性非常好。

系统的动态性能指标主要是调节时间 t_s。从响应曲线可知：

$t = 3T$ 时，$c(t) = 0.95$，故 $t_s = 3T$（按 $\pm 5\%$ 误差带）。

$t = 4T$ 时，$c(t) = 0.98$，故 $t_s = 4T$（按 $\pm 2\%$ 误差带）。

系统输出最终稳态值 $c(\infty) = 1$，期望值为 1，稳态误差 $e_{ss} = 0$。

（2）一阶系统的单位斜坡响应：系统在单位斜坡信号作用下的输出响应，称为单位斜坡响应。单位斜坡响应曲线如图 3-6 所示。

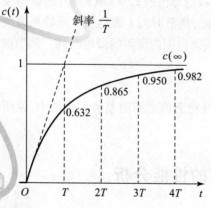

图 3-5　一阶系统的单位阶跃响应曲线

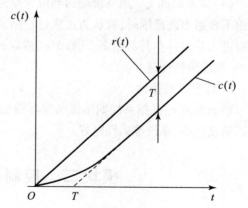

图 3-6　一阶系统的单位斜坡响应曲线

设输入 $R(s) = \dfrac{1}{s^2}$，则输出量为

$$C(s) = \Phi(s)\frac{1}{s^2} = \frac{1}{Ts+1}\frac{1}{s^2} = \frac{1}{s^2} - \frac{T}{s} + \frac{T}{s+\frac{1}{T}}$$

单位斜坡响应为

$$c(t) = t - T + Te^{-\frac{1}{T}t} \quad t > 0 \tag{3-9}$$

其误差为

$$e(t) = r(t) - c(t) = t - (t - T + Te^{-\frac{1}{T}t}) = T(1 - e^{-\frac{1}{T}t})$$

当时间 $t \to \infty$ 时，$e(\infty) = T$，故当输入为单位斜坡函数时，一阶系统的稳态误差为 T。可见，时间常数 T 越小，该系统稳态误差越小。

（3）一阶系统的单位脉冲响应：系统在单位脉冲信号作用下的输出响应称为单位脉冲响应，单位脉冲响应曲线如图3-7所示。

设输入 $R(s) = 1$，则输出量为

$$C(s) = \Phi(s)R(s) = \frac{1}{Ts+1} = \frac{\frac{1}{T}}{s+\frac{1}{T}}$$

单位脉冲响应为

$$c(t) = \frac{1}{T}e^{-\frac{1}{T}t} \quad t > 0 \tag{3-10}$$

由图3-7可见，时间常数 T 反映了系统相应过程的快速性。T 越小，起始下降的速度越大，快速性越好。

二、二阶系统的性能分析

1. 二阶系统的数学模型

由二阶微分方程描述的系统，称为二阶系统，如 RLC 电路就是二阶系统的实例。二阶系统的动态结构图如图3-8所示。

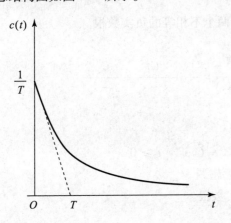
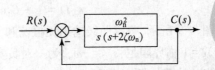

图3-7　一阶系统的单位脉冲响应曲线　　图3-8　二阶系统的动态结构图

其闭环传递函数为

$$\Phi(s) = \frac{C(s)}{R(s)} = \frac{\omega_n^2}{s^2 + 2\zeta\omega_n s + \omega_n^2} \qquad (3-11)$$

式中　ζ——阻尼比；

　　　ω_n——无阻尼自然振荡频率。

二阶系统的动态特性可以用 ζ 和 ω_n 这两个参数的形式加以描述。

RLC 电路的传递函数为

$$\Phi(s) = \frac{U_c(s)}{U_r(s)} = \frac{1}{LCs^2 + RCs + 1} = \frac{\dfrac{1}{LC}}{s^2 + \dfrac{R}{L}s + \dfrac{1}{LC}}$$

有

$$\begin{cases} \omega_n^2 = \dfrac{1}{LC} \\[3mm] 2\zeta\omega_n = \dfrac{R}{L} \end{cases}$$

求得

$$\begin{cases} \omega_n = \sqrt{\dfrac{1}{LC}} \\[4mm] \zeta = \dfrac{R}{2}\sqrt{\dfrac{C}{L}} \end{cases}$$

2. 二阶系统的单位阶跃响应

$$C(s) = \Phi(s)R(s) = \frac{\omega_n^2}{s^2 + 2\zeta\omega_n s + \omega_n^2} \frac{1}{s}$$

由 $s^2 + 2\zeta\omega_n s + \omega_n^2 = 0$，可求得两个特征根为

$$s_{1,2} = -\zeta\omega_n \pm \omega_n\sqrt{\zeta^2 - 1}$$

根据 ζ 的不同取值，分为以下几种情况：

（1）$\zeta > 1$ 过阻尼：$s_{1,2} = -\zeta\omega_n \pm \omega_n\sqrt{\zeta^2 - 1}$，为两个不相等的负实数根。

输出的拉普拉斯变换为

$$C(s) = \frac{\omega_n^2}{s(s - s_1)(s - s_2)} = \frac{1}{s} + \frac{C_1}{s - s_1} + \frac{C_2}{s - s_2}$$

式中　C_1、C_2——待定系数。

经过拉普拉斯反变换，单位阶跃响应为

$$c(t) = 1 + C_1 e^{s_1 t} + C_2 e^{s_2 t} \quad t \geqslant 0 \qquad (3-12)$$

如图 3-9 所示，响应曲线输出无振荡和无超调。

（2）$\zeta = 1$ 临界阻尼：$s_{1,2} = -\omega_n$，为一对负实数根。

输出的拉普拉斯变换为

$$C(s) = \frac{\omega_n^2}{s(s + \omega_n)^2} = \frac{1}{s} - \frac{1}{s + \omega_n} - \frac{\omega_n}{(s + \omega_n)^2}$$

经过拉普拉斯反变换,单位阶跃响应为

$$c(t) = 1 - e^{-\omega_n t}(1 + \omega_n t) \quad t \geq 0 \tag{3-13}$$

如图 3-10 所示,响应曲线输出无振荡和无超调。系统的响应速度在 $\zeta = 1$ 时比 $\zeta > 1$ 时快。

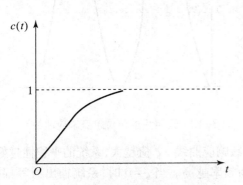

图 3-9 过阻尼的单位阶跃响应曲线

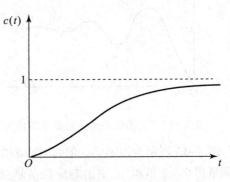

图 3-10 临界阻尼的单位阶跃响应曲线

(3)$0 < \zeta < 1$ 欠阻尼:$s_{1,2} = -\zeta\omega_n \pm \omega_n\sqrt{\zeta^2 - 1} = -\zeta\omega_n \pm j\omega_n\sqrt{1 - \zeta^2}$,为一对共轭复数根。

有阻尼振荡频率为

$$\omega_d = \omega_n\sqrt{1 - \zeta^2}$$

则有

$$s_{1,2} = -\zeta\omega_n \pm j\omega_d$$

输出的拉普拉斯变换为

$$C(s) = \frac{\omega_n^2}{s^2 + 2\zeta\omega_n s + \omega_n^2}\frac{1}{s}$$

经过拉式反变换,单位阶跃响应为

$$c(t) = 1 - \frac{e^{-\zeta\omega_n t}}{\sqrt{1 - \zeta^2}}\sin(\omega_d t + \beta) \quad t \geq 0 \tag{3-14}$$

其中

$$\beta = \arccos\zeta$$

如图 3-11 所示,系统的响应为衰减振荡波形,系统有超调。

(4)$\zeta = 0$ 无阻尼:$s_{1,2} = \pm j\omega_n$,为一对纯虚数根。

输出的拉普拉斯变换为

$$C(s) = \frac{\omega_n^2}{s(s^2 + \omega_n^2)} = \frac{1}{s} - \frac{s}{s^2 + \omega_n^2}$$

经过拉普拉斯反变换,单位阶跃响应为

$$c(t) = 1 - \cos\omega_n t \quad t \geq 0 \tag{3-15}$$

如图 3-12 所示,系统的单位阶跃响应为等幅振荡波形。

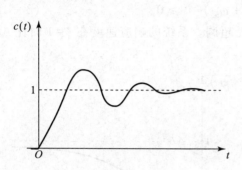

图 3-11　欠阻尼的单位阶跃响应曲线

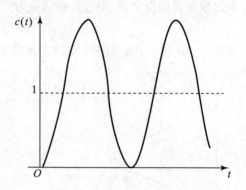

图 3-12　无阻尼的单位阶跃响应曲线

图 3-13 所示为取不同 ζ 值时对应的单位阶跃响应曲线。ζ 值越大,系统的平稳性越好,超调量越小。ζ 值越小,输出响应振荡越强,振荡频率越高。当 $\zeta=0$ 时,系统输出为等幅振荡,不能正常工作,属不稳定。

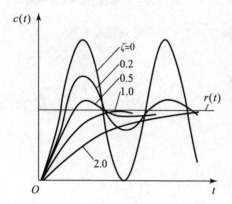

图 3-13　不同 ζ 值时对应的单位
阶跃响应曲线

3. 二阶系统的性能指标

主要对欠阻尼二阶系统的性能指标进行讨论和计算。

(1)上升时间 t_r:根据 t_r 的定义,有

$$c(t_r) = 1 - \frac{e^{-\zeta\omega_n t}}{\sqrt{1-\zeta^2}}\sin(\omega_d t_r + \beta) = 1$$

得

$$t_r = \frac{\pi - \beta}{\omega_d} = \frac{\pi - \arccos\zeta}{\omega_n\sqrt{1-\zeta^2}} \qquad (3-16)$$

式(3-16)中 β 角以弧度(rad)为单位。

(2)峰值时间 t_p:根据 t_p 的定义,可采用求极值的方法来求取。

$$t_p = \frac{\pi}{\omega_d} = \frac{\pi}{\omega_n\sqrt{1-\zeta^2}} \qquad (3-17)$$

(3)超调量 $\sigma\%$:将 $t_p = \dfrac{\pi}{\omega_d}$ 代入欠阻尼二阶系统单位阶跃响应表达式(3-14),求得

$$c_{\max} = 1 + e^{-\pi\zeta/\sqrt{1-\zeta^2}}$$

根据定义式

$$\sigma\% = \frac{c_{\max} - c(\infty)}{c(\infty)} \times 100\%$$

有

$$c(\infty) = c(t)\mid_{t=\infty} = 1$$

$$\sigma\% = e^{-\pi\zeta/\sqrt{1-\zeta^2}} \times 100\% \qquad (3-18)$$

(4)调节时间 t_s:求取调节时间可用近似公式,即

$$t_s = \frac{3}{\zeta\omega_n} \quad (\zeta < 0.68 \quad \pm 5\% \text{ 误差带}) \tag{3-19}$$

$$t_s = \frac{4}{\zeta\omega_n} \quad (\zeta < 0.76 \quad \pm 2\% \text{ 误差带}) \tag{3-20}$$

例 3-1 已知系统的开环传递函数 $G(s) = \dfrac{K}{s(s+34.5)}$，系统的结构如图 3-14 所示，试分别计算 $K = 7500$、1000 和 150 时，系统的动态性能指标 t_r、t_s、t_p、$\sigma\%$。并讨论 K 对动态性能指标的影响。

解 $\Phi(s) = \dfrac{K}{s(s+34.5)+K}$

(1) $K = 7500$ 时，

$$\Phi(s) = \frac{7500}{s^2 + 34.5s + 7500}$$

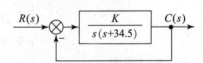

图 3-14 例 3-1 系统结构图

由 $\Phi(s) = \dfrac{\omega_n^2}{s^2 + 2\zeta\omega_n s + \omega_n^2}$

有 $\begin{cases} \omega_n^2 = 7500 \\ 2\zeta\omega_n = 34.5 \end{cases}$

求得 $\begin{cases} \omega_n = 86.6 \\ \zeta = 0.2 \end{cases}$

根据公式

$$t_r = \frac{\pi - \beta}{\omega_d} = \frac{\pi - \arccos\zeta}{\omega_n\sqrt{1-\zeta^2}} = 0.02$$

$$t_p = \frac{\pi}{\omega_d} = \frac{\pi}{\omega_n\sqrt{1-\zeta^2}} = 0.037$$

$$t_s = \frac{3}{\zeta\omega_n} = 0.17\,(\pm 5\% \text{误差带})$$

$$t_s = \frac{4}{\zeta\omega_n} = 0.23\,(\pm 2\% \text{误差带})$$

$$\sigma\% = e^{-\pi\zeta/\sqrt{1-\zeta^2}} \times 100\% = 52.7\%$$

(2) $K = 1000$ 时，

$$\Phi(s) = \frac{1000}{s^2 + 34.5s + 1000}$$

由 $\Phi(s) = \dfrac{\omega_n^2}{s^2 + 2\zeta\omega_n s + \omega_n^2}$

有 $\begin{cases} \omega_n^2 = 1000 \\ 2\zeta\omega_n = 34.5 \end{cases}$

求得 $\begin{cases} \omega_n = 31.6 \\ \zeta = 0.545 \end{cases}$

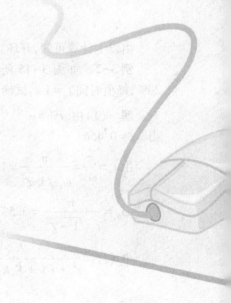

根据公式

$$t_r = \frac{\pi - \beta}{\omega_d} = \frac{\pi - \arccos\zeta}{\omega_n\sqrt{1 - \zeta^2}} = 0.08$$

$$t_p = \frac{\pi}{\omega_d} = \frac{\pi}{\omega_n\sqrt{1 - \zeta^2}} = 0.12$$

$$t_s = \frac{3}{\zeta\omega_n} = 0.17(\pm 5\%误差带)$$

$$t_s = \frac{4}{\zeta\omega_n} = 0.23(\pm 2\%误差带)$$

$$\sigma\% = e^{-\pi\zeta/\sqrt{1-\zeta^2}} \times 100\% = 13\%$$

（3）$K = 150$ 时，

$$\Phi(s) = \frac{150}{s^2 + 34.5s + 150}$$

由 $\Phi(s) = \dfrac{\omega_n^2}{s^2 + 2\zeta\omega_n s + \omega_n^2}$

有 $\begin{cases} \omega_n^2 = 150 \\ 2\zeta\omega_n = 34.5 \end{cases}$

求得 $\begin{cases} \omega_n = 12.25 \\ \zeta = 1.41 \end{cases}$

系统处于过阻尼状态，无超调。

$$\Phi(s) = \frac{150}{s^2 + 34.5s + 150} = \frac{150}{(s + 5.1)(s + 29.4)}$$

$$T_1 = 0.196, T_2 = 0.03$$

$$t_s = 3T_1 = 0.588(\pm 5\%误差带)$$

$$t_s = 4T_1 = 0.784(\pm 2\%误差带)$$

$$\sigma\% = 0$$

由以上计算可知，开环放大系数 K 越小，ζ 越大，ω_n 越小；$\sigma\%$ 越小，t_p 大。

例 3-2 如图 3-15 所示系统，在单位阶跃函数输入下，欲使系统的最大超调量等于 20%，峰值时间 $t_p = 1$ s，试确定参数 K_1 和 K_2 的数值，并求系统的上升时间 t_r 和调节时间 t_s。

解 （1）由 $\sigma\% = e^{-\pi\zeta/\sqrt{1-\zeta^2}} \times 100\% = 20\%$

得 $\zeta = 0.456$

由 $t_p = \dfrac{\pi}{\omega_d} = \dfrac{\pi}{\omega_n\sqrt{1-\zeta^2}} = 1$

得 $\omega_n = \dfrac{\pi}{t_p\sqrt{1 - \zeta^2}} = 3.53$

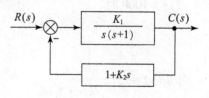

图 3-15 例 3-2 系统结构图

$$\Phi_{cr}(s) = \frac{K_1}{s^2 + (1 + K_1K_2)s + K_1} = \frac{\omega_n^2}{s^2 + 2\zeta\omega_n s + \omega_n^2}$$

$$\begin{cases} \omega_n^2 = K_1 \\ 1 + K_1K_2 = 2\zeta\omega_n \end{cases}$$

求得 $\begin{cases} K_1 = 12.25 \\ K_2 = 0.178 \end{cases}$

(2)由 $\zeta = 0.456$,

$$t_r = \frac{\pi - \beta}{\omega_d} = \frac{\pi - \text{arc } \cos\zeta}{\omega_n\sqrt{1 - \zeta^2}} = 0.65$$

$$t_s = \frac{3}{\zeta\omega_n} = 1.9(\pm 5\%误差带)$$

$$t_s = \frac{4}{\zeta\omega_n} = 2.5(\pm 2\%误差带)$$

由以上的分析可归纳出二阶系统性能的特点:

(1)平稳性:其主要由 ζ 决定,ζ 越大,则 $\sigma\%$ 越小,平稳性越好。$\zeta = 0$ 时,系统等幅振荡,不能稳定工作。ζ 一定时,ω_n 越大则 ω_d 越大,系统平稳性变差。

(2)快速性:ω_n 一定时,$\zeta = 0.68(\pm 5\%误差带)$时,则 t_s 最小,$\zeta = 0.76(\pm 2\%误差带)$时,则 t_s 最小。ζ 太大或太小,快速性均不好。ζ 一定时,ω_n 越大则 t_s 越小。

综合平稳性和快速性,$\zeta = 0.707$ 称为最佳阻尼比。

(3)准确性:输入信号不同,稳态误差是不同的。后面一节控制系统的稳态误差分析中将详细介绍。

4. 改善二阶系统动态性能的措施

通过对二阶系统的分析得知,系统 3 个方面性能对系统结构和参数的要求往往是矛盾的。工程中,常通过在系统中增加一些合适的附加装置来改善二阶系统的性能。

(1)一阶微分控制:在二阶系统中加入一阶微分环节,图 3-16 所示,二阶系统的开环传递函数为

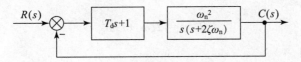

图 3-16 采用一阶微分控制的二阶系统

$$G_K(s) = \frac{(T_d s + 1)\omega_n^2}{s(s + 2\zeta\omega_n)}$$

闭环传递函数

$$\Phi(s) = \frac{C(s)}{R(s)} = \frac{(T_d s + 1)\omega_n^2}{s^2 + 2\zeta\omega_n s + T_d\omega_n^2 s + \omega_n^2} = \frac{(T_d s + 1)\omega_n^2}{s^2 + 2\zeta'\omega_n s + \omega_n^2} \tag{3-21}$$

其中,

$$2\zeta'\omega_n = 2\zeta\omega_n + T_d\omega_n^2$$

即有

$$\zeta' = \zeta + \frac{T_d\omega_n}{2} \tag{3-22}$$

式中　ζ'——等效阻尼比。

　　加入一阶微分控制后，二阶系统的阻尼比增大，超调量减少。同时，若传递函数中增加的零点合适，将使得系统的调节时间 t_s 减少。

　　没有采取性能改善措施之前，系统的单位阶跃响应曲线如图 3-17 中曲线 1 所示，加入一阶微分控制后系统性能的改善如图 3-17 中曲线 2 所示。

　　（2）微分负反馈控制：在二阶系统中加入微分负反馈环节，如图 3-18 所示。

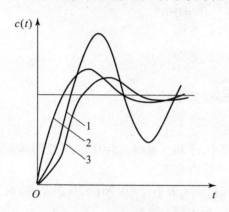
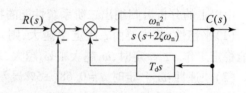

图 3-17　不同控制对二阶系统性能的改善　　图 3-18　加微分负反馈的二阶系统
1—原系统；2—加入一阶微分控制；3—加入微分负反馈控制

　　系统的开环传递函数

$$G_K(s) = \frac{\omega_n^2}{s^2 + 2\zeta\omega_n s + T_d\omega_n^2 s}$$

　　闭环传递函数

$$\Phi(s) = \frac{\omega_n^2}{s^2 + 2\zeta\omega_n s + T_d\omega_n^2 s + \omega_n^2} = \frac{\omega_n^2}{s^2 + 2\zeta'\omega_n s + \omega_n^2} \qquad (3-23)$$

其中

$$2\zeta'\omega_n = 2\zeta\omega_n + T_d\omega_n^2$$

即有

$$\zeta' = \zeta + \frac{T_d\omega_n}{2} \qquad (3-24)$$

式中　ζ'——等效阻尼比。

　　由式（3-24）可知，与加微分负反馈之前相比，系统的阻尼比增大，超调量减少，平稳性变好。加入微分负反馈系统性能的改善如图 3-17 中曲线 3 所示。

模块三　线性系统稳定性分析

　　对于一个自动控制系统，首先要求系统必须是稳定的。只有稳定的系统才能正常工作。

一、系统稳定的概念

　　一个处于某平稳状态的线性定常系统，若在外部作用下偏离了原来的平衡状态，而当扰动消失后,系统仍能回到原来的平衡状态,则称该系统是稳定的;否则,系统就是不稳定的。稳定性是去除外部作用后系统本身的一种恢复能力,所以是系统的一种固有特性,它只取决于系统的结构参数,而与外作用及初始条件无关。

二、系统稳定的充分必要条件

一个自动控制系统,$r(t)$ 为输入量,$c(t)$ 为输出量。设系统传递函数的一般表达式为

$$G(s) = \frac{C(s)}{R(s)} = \frac{b_m s^m + b_{m-1} s^{m-1} + \cdots + b_1 s + b_0}{a_n s^n + a_{n-1} s^{n-1} + \cdots + a_1 s + a_0}$$

输入量为

$$R(s) = \frac{1}{s}$$

输出量为

$$C(s) = G(s)R(s) = \frac{b_m s^m + b_{m-1} s^{m-1} + \cdots + b_1 s + b_0}{a_n s^n + a_{n-1} s^{n-1} + \cdots + a_1 s + a_0} \cdot R(s)$$

$$= \frac{b_m s^m + b_{m-1} s^{m-1} + \cdots + b_1 s + b_0}{s(a_n s^n + a_{n-1} s^{n-1} + \cdots + a_1 s + a_0)}$$

$$= \frac{C_0}{s} + \frac{C_1}{s - s_1} + \cdots + \frac{C_i}{s - s_i} + \cdots + \frac{C_n}{s - s_n}$$

式中　$C_0, C_1, \cdots, C_i, \cdots C_n$——待定系数;

s_i——特征方程的根。

对上式求拉普拉斯反变换,得系统输出响应为

$$c(t) = C_0 + C_1 e^{s_1 t} + \cdots + C_i e^{s_i t} + \cdots + C_n e^{s_n t}$$

$$\lim_{t \to \infty} e^{s_i t} = 0$$

其中,第一项为由输入引起的输出稳态分量,其余各项为系统输出的动态分量。显然,一个稳定的系统,其输出动态分量应均为0。

因此,n 阶线性系统稳定的充分必要条件是:它所有闭极点 $s_i (i = 1, 2, 3, \cdots, n)$ 都分布在 s 平面的左半侧,或是其特性根具有负实部,即 $\mathrm{Res}_i < 0 (i = 1, 2, 3, \cdots, n)$。只要其中有一个特征根或一对共轭复数根落在 s 平面的右半侧,或特性根具有正实部,即 $\mathrm{Res}_i > 0 (i = 1, 2, 3, \cdots, n)$,则该系统就是不稳定。若有一对共轭复数根落在虚轴上或特征根具有零实部,即 $\mathrm{Res}_i = 0$,则系统处于临界稳定状态,在工程上也认为该系统不稳定。

系统的特征根(或闭极点)的情况,完全取决于系统本身结构及参数所决定的闭环特征方程,也就是取决于闭环传递函数分母多项式等于零的方程。

三、代数稳定性判据

判断一个系统是否稳定,只要求出其全部的特征根(或闭极点),按它们在 s 平面上的分布情况或实部的符号,即可判定系统的稳定性。对于高阶系统,其特征方程是高阶代数方程,求解起来通常比较烦琐和困难。因此,在经典控制理论中,根据系统的代数稳定性判据,不必求解特征方程,就能确定系统特征根在 s 平面上的分布情况或实部的符号,从而判定系统是否稳定。常用的代数稳定性判据有劳斯(Routh)稳定性判据和胡尔维茨(Hurwitz)稳定

性判据。下面主要介绍劳斯（Routh）稳定性判据。

劳斯稳定性判据更适用于对高阶系统的稳定性判断,还可以利用劳斯稳定性判据分析闭环特征根的情况。

1. 劳斯稳定性判据

设线性系统的特征方程为

$$a_n s^n + a_{n-1} s^{n-1} + a_{n-2} s^{n-2} + \cdots + a_1 s + a_0 = 0 \qquad (3-25)$$

要求式(3-25)的首项系数 $a_n > 0$。若 $a_n < 0$,则用-1乘式(3-25)。若式(3-25)中有缺项,即相应项的系数为0。系统稳定的必要条件是

$$a_i > 0 \quad i = 0, 1, 2, \cdots, n \qquad (3-26)$$

所以,若系统特征方程的系数不满足式(3-26),则可判定系统是不稳定的。但当满足式(3-26)时,不能判断系统是否稳定,需要进一步判断。

由式(3-25)特征方程的各项系数列写劳斯表。表中前2行各元素由特征方程的系数确定,自第3行起的各元素要进行逐个计算。

观察劳斯表中第一列各元素的符号,若各元素全为正号,则系统所有的特征根全在 s 平面的左半侧(简称"左根"或"稳根"),表示系统是稳定的。若各元素中有负号或零,则系统必不稳定,且符号改变几次,就表示有几个特征根在 s 平面的右半侧(简称"右根"或"不稳根")。

劳斯表

$$
\begin{array}{c|cccccc}
s^n & a_n & a_{n-2} & a_{n-4} & a_{n-6} & \cdots \\
s^{n-1} & a_{n-1} & a_{n-3} & a_{n-5} & a_{n-7} & \cdots \\
s^{n-2} & b_1 & b_2 & b_3 & b_4 & \cdots \\
s^{n-3} & c_1 & c_2 & c_3 & c_4 & \cdots \\
\vdots & \vdots & \vdots & \vdots & \vdots \\
s^1 & e_1 \\
s^0 & f_1 \\
\end{array}
$$

其中

$$b_1 = \frac{a_{n-2}a_{n-1} - a_n a_{n-3}}{a_{n-1}}; b_2 = \frac{a_{n-4}a_{n-1} - a_n a_{n-5}}{a_{n-1}}; b_3 = \frac{a_{n-6}a_{n-1} - a_n a_{n-7}}{a_{n-1}}; \cdots$$

直至其余 b 项元素均为零。

$$c_1 = \frac{a_{n-3}b_1 - a_{n-1}b_2}{b_1}; c_2 = \frac{a_{n-5}b_1 - a_{n-1}b_3}{b_1}; c_3 = \frac{a_{n-7}b_1 - a_{n-1}b_4}{b_1}; \cdots$$

直至其余 c 项元素均为零。

其余各行各元素计算,依次类推。

例3-3 已知系统的闭环传递函数为

$$G(s) = \frac{s^2 + s + 1}{s^4 + 2s^3 + 3s^2 + 4s + 5}$$

试判断系统的稳定性,并分析闭环特征根的情况。

解 (1)系统特征方程为: $s^4 + 2s^3 + 3s^2 + 4s + 5 = 0$,且各项系数大于0。

（2）列写劳斯表：

$$
\begin{array}{c|ccc}
s^4 & 1 & 3 & 5 \\
s^3 & 2 & 4 \\
s^2 & 1 & 5 \\
s^1 & -6 \\
s^0 & 5
\end{array}
$$

（3）劳斯表第一列各元素：-6<0，根据劳斯稳定性判据系统不稳定。

符号改变两次，可判定有两个不稳根（右根），另有两个为稳根（左根）。

例 3-4 已知单位反馈系统的开环传递函数为

$$G_K(s) = \frac{K}{s(0.1s + 1)(0.25s + 1)}$$

试确定使系统稳定的 K 值范围。

解 （1）系统的闭环传递函数为

$$
\begin{aligned}
\Phi(s) &= \frac{G_K(s)}{1 + G_K(s)} \\
&= \frac{K}{s(0.1s + 1)(0.25s + 1) + K} \\
&= \frac{K}{0.025s^3 + 0.35s^2 + s + K}
\end{aligned}
$$

系统的特征方程为 $\qquad 0.025s^3 + 0.35s^2 + s + K = 0$

化简为 $\qquad s^3 + 14s^2 + 40s + 40K = 0$

（2）用劳斯稳定性判据确定使系统稳定的条件。

列写劳斯表：

$$
\begin{array}{c|cc}
s^3 & 1 & 40 \\
s^2 & 14 & 40K \\
s & \dfrac{560 - 40K}{14} \\
s^0 & 40K
\end{array}
$$

欲使系统稳定，应满足：

$$\frac{560 - 40K}{14} > 0，即\ K < 14$$

$40K > 0$，即 $K > 0$。

所以，要使系统稳定的 K 值范围为 $0 < K < 14$。

2. 劳斯稳定性判据的两种特殊情况

（1）在列写劳斯表时，若某一行的第一列元素等于零，而其余各元素不为零或不全为零，在计算下一行时，其各元素将为∞，将无法继续列写劳斯表。这时则用一个很小的正数 $\varepsilon(\approx 0)$ 来代替这个为零元素，并往下计算劳斯表中的其他各元素。

例 3-5 已知系统的特征方程为 $D(s) = s^4 + 3s^3 + s^2 + 3s + 1 = 0$，试分析系统的稳定性及闭环特征根的情况。

解 （1）系统特征方程各项系数大于0。

（2）列写劳斯表：

$$
\begin{array}{c|ccc}
s^4 & 1 & 1 & 1 \\
s^3 & 3 & 3 & \\
s^2 & \varepsilon & 1 & \\
s^1 & 3-\dfrac{3}{\varepsilon} & & \\
s^0 & 1 & &
\end{array}
$$

（3）劳斯表第一列，$3-\dfrac{3}{\varepsilon}<0,\varepsilon$ 上、下行的元素符号相反,说明系统中有一个不稳的右根。此外,从 s^1 行至 s^0 行的元素符号又改变一次,故该系统应共有两个不稳的右根,另两个特征根是稳根,系统不稳定。

（2）在列写劳斯表时,若发现某一行的各元素都等于零,则说明系统特征根中存在两个大小相等、符号相反的特征根。这时:

①要用该行上面一行的各元素作系数,构成辅助方程。

②对辅助方程求导一次,得到一个新方程,再用该新方程的系数去代替原来各元素为零的那一行,以后可继续计算劳斯表中其余各元素。

例3-6 已知系统特征方程:$s^5+s^4+3s^3+3s^2+2s+2=0$,试分析系统的稳定性及闭环特征根情况。

解 （1）系统特征方程各项系数大于0。

（2）列写劳斯表：

$$
\begin{array}{c|ccc}
s^5 & 1 & 3 & 2 \\
s^4 & 1 & 3 & 2 \\
s^3 & 0(4) & 0(6) & \\
s^2 & \dfrac{3}{2} & 2 & \\
s^1 & \dfrac{2}{3} & & \\
s^0 & 2 & &
\end{array}
$$

（3）由 s^4 行写出辅助方程,即

$$s^4 + 3s^2 + 2 = 0 \tag{3-27}$$

对式(3-27)辅助方程求导一次,即

$$4s^3 + 6s = 0 \tag{3-28}$$

用式(3-28)中各系数代替劳斯表中的全零行。

（4）继续列写、计算劳斯表。

（5）劳斯表中有全零行,即系统中含有数值相同、符号相反的特征根。由辅助方程(3-27)求得$(s^2+1)(s^2+2)=0$。因此有 $s_{1,2}=\pm j,s_{3,4}=\pm j\sqrt{2}$,共有 4 个两对数值相同、符号相反的纯虚根。系统不稳定。

此外,劳斯表中第一列各元素符号没有改变,说明系统除 4 个纯虚根外,还有 1 个是稳根。

四、结构不稳定系统的改进措施

如果一个系统无论怎样调节系统的参数,系统总是无法稳定,就称这类系统为结构不稳定系统,如图 3-19 所示。

$$\Phi(s) = \frac{C(s)}{R(s)} = \frac{K}{Ts^3 + s^2 + K}$$

特征方程式为

$$Ts^3 + s^2 + K = 0$$

根据劳斯稳定性判据,由于方程中 s 一次项系数为零,故不论 K 如何取值,系统总是不稳定的。

对于结构不稳定的系统是无法工作的,因此需要加以改进。常用改进的方法有两种。

1. 改变环节的积分性质

在积分环节外面加单位负反馈,如图 3-20 所示,这时环节的传递函数从原来的积分环节变成了惯性环节。

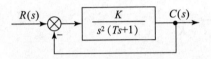
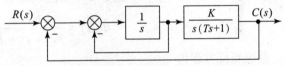

图 3-19　结构不稳定的系统结构图　　　图 3-20　积分环节外加单位负反馈

系统开环传递函数变成

$$G_K(s) = \frac{K}{s(s+1)(Ts+1)}$$

系统闭环传递函数为

$$\Phi(s) = \frac{C(s)}{R(s)} = \frac{K}{s(s+1)(Ts+1) + K}$$

系统特征方程为

$$Ts^3 + (1+T)s^2 + s + K = 0$$

劳斯表为

$$
\begin{array}{c|cc}
s^3 & T & 1 \\
s^2 & 1+T & K \\
s & \dfrac{1+T-TK}{1+T} & \\
s^0 & K &
\end{array}
$$

根据劳斯稳定性判据,系统稳定的条件为

$$
\begin{cases}
1+T-TK > 0 \\
K > 0 \\
T > 0 \\
1+T > 0
\end{cases}
$$

即

$$\begin{cases} 0 < K < \dfrac{1+T}{T} \\ T > 0 \end{cases}$$

所以，K 的取值范围为

$$0 < K < \frac{1+T}{T}$$

此时只要适当选取 K 值就可使系统稳定。

2. 加入一阶微分环节

如图 3-21 所示，在前述图 3-19 所示结构不稳定系统的前向通道中加入一阶微分环节，系统的闭环传递函数变为

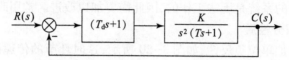

图 3-21　系统中加入一阶微分环节

$$\Phi(s) = \frac{K(T_d s + 1)}{Ts^3 + s^2 + KT_d s + K}$$

系统特征方程为

$$Ts^3 + s^2 + KT_d s + K = 0$$

劳斯表为

$$\begin{array}{c|cc} s^3 & T & KT_d \\ s^2 & 1 & K \\ s & K(T_d - T) & \\ s^0 & K & \end{array}$$

根据劳斯稳定性判据，系统的稳定条件为

$$\begin{cases} T_d - T > 0 \\ K > 0 \\ T > 0 \end{cases}$$

即

$$\begin{cases} T_d > T > 0 \\ K > 0 \end{cases}$$

只要适当选取系统参数，就可使系统稳定。

模块四　控制系统的稳态误差分析

系统的稳态误差是衡量系统稳态性能的重要指标，也是体现系统准确性的关键指标。

一、误差与稳态误差的定义

对于稳定的系统，系统的误差定义为期望值与实际值之差。

系统的误差是用输入量与反馈量的差值来定义，即

$$e(t) = r(t) - b(t) \tag{3-29}$$

给定信号作为期望值,反馈信号作为实际值。

对于单位反馈系统来说,反馈量 $b(t)$ 就等于输出量 $c(t)$。

对于稳定的系统,稳态误差是指系统进入稳态后的误差值,即

$$e_{ss} = \lim_{t \to \infty} e(t) \qquad (3-30)$$

根据拉普拉斯变换的终值定理

$$e_{ss} = \lim_{s \to 0} sE(s)$$

稳态误差可分为由给定信号作用下的误差和由扰动信号作用下的误差两种。

稳态误差的计算

二、稳态误差的计算

例 3-7　单位反馈系统如图 3-22 所示,已知 $r(t) = 1(t) + 2t, d(t) = 1(t)$, $e(t) = r(t) - c(t)$。试求系统稳态误差。

解　(1)对系统判断稳定性。

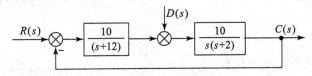

图 3-22　例 3-7 动态结构图

系统闭环特征方程为

$$s(s+2)(s+12) + 100 = 0$$

即

$$s^3 + 14s^2 + 24s + 100 = 0$$

列写劳斯表:

$$
\begin{array}{c|cc}
s^3 & 1 & 24 \\
s^2 & 14 & 100 \\
s & \dfrac{118}{7} & \\
s^0 & 100 &
\end{array}
$$

劳斯表第一列元素全为正号。

符合劳斯稳定性判据的稳定条件,闭环系统稳定。

(2)给定信号作用下的稳态误差。

当 $r(t) = 1(t)$, $R(s) = \dfrac{1}{s}$。

当 $r(t) = 2t$, $R(s) = \dfrac{2}{s^2}$。

$$\Phi_{er}(s) = \cfrac{1}{1 + \cfrac{100}{s(s+2)(s+12)}} = \frac{s(s+2)(s+12)}{s(s+2)(s+12) + 100}$$

$$e_{ssr} = \lim_{t \to \infty} sE_r(s) = \lim_{s \to 0} s\Phi_{er}(s)R(s) = \lim_{s \to 0} s \frac{s(s+2)(s+12)}{s(s+2)(s+12) + 100} \frac{s+2}{s^2} = 0.48$$

(3)扰动信号作用下的稳态误差。

$$d(t) = 1(t), D(s) = \frac{1}{s}$$

$$\Phi_{ed}(s) = \frac{-\dfrac{10}{s(s+2)}}{1 + \dfrac{100}{s(s+2)(s+12)}} = -\frac{10(s+12)}{s(s+2)(s+12) + 100}$$

$$e_{ssd} = \lim_{t \to \infty} sE_d(s) = \lim_{s \to 0} s\Phi_{ed}(s)D(s) = -\lim_{s \to 0} s \frac{10(s+12)}{s(s+2)(s+12) + 100} \frac{1}{s} = -1.2$$

（4）根据叠加定理

$$e_{ss} = e_{ssr} + e_{ssd} = 0.48 - 1.2 = -0.72$$

三、给定信号作用下的稳态误差及误差系数

控制系统的典型结构如图 3-23 所示，考虑给定信号 $R(s)$ 的作用时，令扰动信号 $D(s) = 0$。

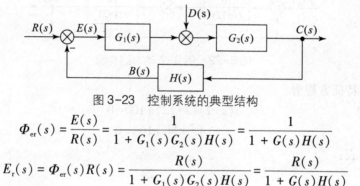

图 3-23　控制系统的典型结构

$$\Phi_{er}(s) = \frac{E(s)}{R(s)} = \frac{1}{1 + G_1(s)G_2(s)H(s)} = \frac{1}{1 + G(s)H(s)}$$

$$E_r(s) = \Phi_{er}(s)R(s) = \frac{R(s)}{1 + G_1(s)G_2(s)H(s)} = \frac{R(s)}{1 + G(s)H(s)}$$

根据终值定理得

$$e_{ssr} = \lim_{t \to \infty} e_r(t) = \lim_{s \to 0} sE_r(s) = \lim_{s \to 0} s\Phi_{er}(s)R(s) = \lim_{s \to 0} s \frac{R(s)}{1 + G(s)H(s)} \qquad (3-31)$$

系统输入的一般表达式为

$$R(s) = \frac{C}{s^N} \qquad (3-32)$$

式中　N——输入信号的阶次。

系统开环传递函数的一般表达式为

$$G(s)H(s) = \frac{K \prod_{j=1}^{m} (\tau_j s + 1)}{s^{\nu} \prod_{i=1}^{n-\nu} (T_i s + 1)} \qquad n \geqslant m \qquad (3-33)$$

式中　K——系统的开环放大系数；

τ_j、T_i——时间常数。

ν 为系统开环传递函数中积分环节的个数，又称控制系统的型别，有时也称为控制系统的无差度。对应于 $\nu = 0$、1、2 的系统，分别称为 0 型、I 型、II 型系统，也可分别称为 0 阶无差度、一阶无差度、二阶无差度。

将式(3-32)、式(3-33)代入式(3-31),系统的稳态误差可表示为

$$e_{ssr} = \lim_{s \to 0} \frac{\dfrac{C}{s^N}}{1 + \dfrac{K}{s^v}} \tag{3-34}$$

可根据系统的静态误差系数来计算系统在不同输入信号下的稳态误差。

1. 静态位置误差系数 K_p

阶跃输入信号 $r(t) = R_0 1(t)$,相应的拉普拉斯变换式为

$$R(s) = \frac{R_0}{s}$$

根据式(3-31)得

$$e_{ssr} = \lim_{s \to 0} \frac{R(s)}{1 + G(s)H(s)} = \lim_{s \to 0} \frac{\dfrac{R_0}{s}}{1 + G(s)H(s)} = \frac{R_0}{1 + \lim_{s \to 0} G(s)H(s)}$$

静态位置误差系数 K_p 的定义式为

$$K_p = \lim_{s \to 0} G(s)H(s) \tag{3-35}$$

则

$$e_{ssr} = \frac{R_0}{1 + K_p} \tag{3-36}$$

将式(3-33)代入式(3-35)得

$$K_p = \lim_{s \to 0} \frac{K}{s^v} \tag{3-37}$$

由式(3-37)和式(3-36)可得到以下结论:

对于 0 型系统,有

$$K_p = K, e_{ss} = \frac{R_0}{1 + K}$$

对于 Ⅰ 型及以上系统,有

$$K_p = \infty, e_{ss} = 0$$

由此可知,对于 0 型系统,开环放大系数越大,单位阶跃信号作用下系统的稳态误差越小,对于 Ⅰ 型和 Ⅱ 型系统,其稳态误差为零。图 3-24 体现 $r(t)$ 为阶跃输入信号时系统的 e_{ssr} 与型别的关系。

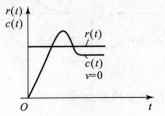 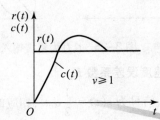

图 3-24　$r(t)$ 为阶跃输入信号时系统的 e_{ssr} 与型别的关系

2. 静态速度误差系数 K_v

斜坡输入信号为 $r(t) = v_0 t$，相应的拉普拉斯变换式为

$$R(s) = \frac{v_0}{s^2}$$

根据式(3-31)得

$$e_{ssr} = \lim_{s \to 0} s \frac{R(s)}{1 + G(s)H(s)} = \lim_{s \to 0} s \frac{\frac{v_0}{s^2}}{1 + G(s)H(s)} = \frac{v_0}{\lim_{s \to 0} sG(s)H(s)}$$

静态速度误差系数的定义式为

$$K_v = \lim_{s \to 0} sG(s)H(s) \qquad\qquad (3-38)$$

则

$$e_{ssr} = \frac{v_0}{K_v} \qquad\qquad (3-39)$$

将式(3-33)代入式(3-38)得

$$K_v = \lim_{s \to 0} \frac{K}{s^{v-1}} \qquad\qquad (3-40)$$

由式(3-39)和式(3-40)可得到以下结论：

对于 0 型系统，有

$$K_v = 0,\, e_{ssr} = \infty$$

对于 I 型系统，有

$$K_v = K,\, e_{ssr} = \frac{v_0}{K}$$

对于 II 型系统，有

$$K_v = \infty,\, e_{ssr} = 0$$

由此可知，对于 0 型系统，系统不能正常工作。对于 I 型系统，开环放大系数越大，斜坡信号作用下系统的稳态误差越小。对于 II 型系统，其稳态误差为零。图 3-25 体现 $r(t)$ 为斜坡输入信号时系统的 e_{ssr} 与型别的关系。

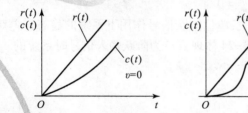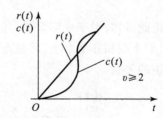

图 3-25 $r(t)$ 为斜坡输入信号时系统的 e_{ssr} 与型别的关系

3. 静态加速度误差系数 K_a

抛物线输入信号为 $r(t) = \frac{1}{2}a_0 t^2$，相应的拉普拉斯变换式为

$$R(s) = \frac{a_0}{s^3}$$

根据式(3-31)得

$$e_{ssr} = \lim_{s \to 0} s \frac{R(s)}{1 + G(s)H(s)} = \lim_{s \to 0} s \frac{\dfrac{a_0}{s^3}}{1 + G(s)H(s)} = \frac{a_0}{\lim\limits_{s \to 0} s^2 G(s)H(s)}$$

静态加速度误差系数的定义式为

$$K_a = \lim_{s \to 0} s^2 G(s)H(s) \tag{3-41}$$

则

$$e_{ssr} = \frac{a_0}{K_a} \tag{3-42}$$

将式(3-33)代入(3-41)得

$$K_a = \lim_{s \to 0} \frac{K}{s^{\nu-2}} \tag{3-43}$$

由式(3-42)和式(3-43)可得以下结论:

对于 0 型和 I 型系统,有

$$K_a = 0, e_{ssr} = \infty$$

对于 II 型系统,有

$$K_a = K, e_{ssr} = \frac{a_0}{K}$$

对于 III 型及以上系统,有

$$K_a = \infty, e_{ssr} = 0$$

由此可知,对于 0 型和 I 型系统,系统不能正常工作。对于 II 型系统,开环放大系数越大,抛物线信号作用下系统的稳态误差越小。对于 III 型及以上系统,其稳态误差为零。图 3-26 体现 $r(t)$ 为抛物线输入信号时系统的 e_{ssr} 与型别的关系。

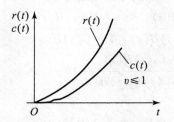 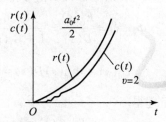

图 3-26 $r(t)$ 为抛物线输入信号时系统的 e_{ssr} 与型别的关系

通过上述分析可知,稳态误差与系统的结构参数及输入信号有关。表 3-1 体现出系统型别、静态误差系数与不同形式给定信号 $r(t)$ 作用下的给定稳态误差 e_{ssr}。

例 3-8 单位反馈系统如图 3-22 所示,已知 $r(t) = 1(t) + 2t, d(t) = 0, e(t) = r(t) - c(t)$。试求系统稳态误差。

解 系统开环传递函数为

$$G_k(s) = \frac{100}{s(s+2)(s+12)} = \frac{\dfrac{25}{6}}{s\left(\dfrac{s}{2} + 1\right)\left(\dfrac{s}{12} + 1\right)}$$

表3-1 系统型别、静态误差系数与不同形式 $r(t)$ 作用下的 e_{ssr}

系统型别	静态误差系数			阶跃输入 $r(t)=R_0 1(t)$	斜坡输入 $r(t)=v_0 t$	抛物线输入 $r(t)=\dfrac{1}{2}a_0 t^2$
v	K_p	K_v	K_a	$e_{ssr}=\dfrac{R_0}{1+K_p}$	$e_{ssr}=\dfrac{v_0}{K_v}$	$e_{ssr}=\dfrac{a_0}{K_a}$
0	K	0	0	$\dfrac{R_0}{1+K}$	∞	∞
Ⅰ型	∞	K	0	0	$\dfrac{v_0}{K}$	∞
Ⅱ型	∞	∞	K	0	0	$\dfrac{a_0}{K}$

系统为 Ⅰ 型，$K=\dfrac{25}{6}$。

当 $r(t)=1(t)$，有：$e_{ssr}=0$；

当 $r(t)=2t$，有：$e_{ssr}=\dfrac{2}{\dfrac{25}{6}}=0.48$；

根据叠加原理

当 $r(t)=1(t)+2t$，有：$e_{ssr}=0+\dfrac{2}{\dfrac{25}{6}}=0.48$。

四、扰动信号作用下的稳态误差

如图3-23所示系统，考虑扰动信号 $D(s)$ 的作用时，令给定信号 $R(s)=0$。

$$\Phi_{ed}(s)=\frac{E_d(s)}{D(s)}=\frac{-G_2(s)H(s)}{1+G_1(s)G_2(s)H(s)}=\frac{-G_2(s)H(s)}{1+G(s)H(s)}$$

$$E_d(s)=\Phi_{ed}(s)D(s)=\frac{-G_2(s)H(s)}{1+G_1(s)G_2(s)H(s)}D(s)$$

根据终值定理得

$$e_{ssd}=\lim_{t\to\infty}e_d(t)=\lim_{s\to 0}sE_d(s)=\lim_{s\to 0}s\Phi_{ed}(s)D(s)$$

$$=\lim_{s\to 0}s\frac{-G_2(s)H(s)}{1+G_1(s)G_2(s)H(s)}D(s) \qquad (3-44)$$

例3-9 系统动态结构图如图3-23所示，其中 $G_1(s)=\dfrac{6}{s+5}$，$G_2(s)=\dfrac{5}{s+2}$，$H(s)=\dfrac{2}{s}$，已知 $r(t)=3t$，$d(t)=0.31(t)$，求系统的稳态误差。

解 （1）对系统判稳。

系统闭环特征方程为

$$s(s+2)(s+5)+60=0$$

即

$$s^3+7s^2+10s+60=0$$

列写劳斯表：

$$\begin{array}{c|cc} s^3 & 1 & 10 \\ s^2 & 7 & 60 \\ s & \dfrac{10}{7} & \\ s^0 & 60 & \end{array}$$

劳斯表第一列元素全为正。

符合劳斯稳定性判据的稳定条件,闭环系统稳定。

(2)给定信号作用下的稳态误差。

系统的开环传递函数为

$$G_1(s)G_2(s)H(s) = \frac{60}{s(s+2)(s+5)} = \frac{6}{s(0.5s+1)(0.2s+1)}$$

系统为 I 型,$K=6$。

当 $r(t)=3t,R(s)=\dfrac{3}{s^2}$ 时,$e_{ssr} = \dfrac{3}{K} = \dfrac{3}{6} = 0.5$。

(3)扰动信号作用下的稳态误差。

$$d(t) = 0.31(t), D(s) = \frac{0.3}{s}$$

$$\begin{aligned} e_{ssd} &= \lim_{s \to 0} \frac{-G_2(s)H(s)}{1+G_1(s)G_2(s)H(s)}D(s) \\ &= \lim_{s \to 0} \frac{-\dfrac{10}{s(s+2)}}{1+\dfrac{60}{s(s+2)(s+5)}}\frac{0.3}{s} = -\lim_{s \to 0}\frac{10(s+5)}{s(s+2)(s+5)+60}\frac{0.3}{s} \\ &= -0.25 \end{aligned}$$

$$(3-45)$$

(4)根据叠加原理。

$$e_{ss} = e_{ssr} + e_{ssd} = 0.5 - 0.25 = 0.25$$

五、改善系统稳态精度的方法

系统的稳态误差主要是由积分环节的个数和放大系数来确定的。为了提高精度等级,可增加积分环节的数目。为了减小稳态误差,可增加放大系数。但这样一来就会使系统的稳定性变差。而采用补偿的方法,则可在保证系统稳定的前提下减小稳态误差。

1. 引入输入补偿

系统如图 3-27 所示,为了减小由给定信号引起的稳态误差,从输入端引入一补偿环节 $G_c(s)$,其系统传递函数为

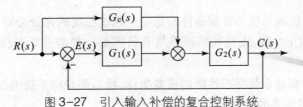

图 3-27 引入输入补偿的复合控制系统

$$\Phi_{er}(s) = \frac{E(s)}{R(s)} = \frac{1 - G_c(s)G_2(s)}{1 + G_1(s)G_2(s)}$$

要求系统的稳态误差得到全补偿，即 $e_{ssr} = 0$ 或 $\Phi_{er}(s) = 0$，须使

$$1 - G_c(s)G_2(s) = 0$$

即得

$$G_c(s) = \frac{1}{G_2(s)} \tag{3-46}$$

可见输入补偿器的选择与控制通道的特性有关。

2. 引入扰动补偿

如图 3-28 所示，为了减小扰动信号引起的误差，利用扰动信号经过 $G_c(s)$ 来进行补偿。

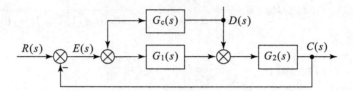

图 3-28　引入扰动补偿的复合控制系统

$$\Phi_{ed}(s) = \frac{E(s)}{D(s)} = -\frac{G_2(s)[1 + G_c(s)G_1(s)]}{1 + G_1(s)G_2(s)}$$

要求系统的稳态误差得到全补偿，即 $e_{ssd} = 0$ 或 $\Phi_{ed}(s) = 0$，须使

$$1 + G_c(s)G_1(s) = 0$$

即得

$$G_c(s) = -\frac{1}{G_1(s)} \tag{3-47}$$

扰动补偿器的选择与控制通道的特性有关。采用复合控制系统，能提高系统的稳态精度。

知识梳理

本单元主要分为三大块，即控制系统的动态性能分析、线性系统稳定性分析和控制系统的稳态误差分析。

（1）控制系统时域分析是通过在典型输入信号作用下系统的输出响应，来分析系统的控制性能的，工程中常用的是阶跃响应。

（2）一阶、二阶控制系统的动态性能分析中，欠阻尼二阶系统的阶跃响应及动态性能指标。

（3）对一个自动控制系统的首要条件是稳定。系统稳定的充分必要条件是：它所有闭极点都分布在 s 平面的左半侧，或是其特征根具有负实部。根据劳斯判据判别系统的稳定性以及特征根的情况。

（4）稳态误差是衡量系统稳态性能的重要指标，稳态误差与系统的结构参数及输入信号有关。掌握计算稳态误差的方法。

思考题与习题

3-1 常用的典型输入信号有哪些？

3-2 控制系统的性能指标有哪些？

3-3 二阶系统在不同 ζ 值时对应的阶跃响应曲线有何不同？

3-4 改善二阶系统动态性能的措施是什么？

3-5 系统稳定的概念？线性系统稳定的充分必要条件是什么？

3-6 什么叫系统的结构不稳定？结构不稳定系统的改进措施是什么？

3-7 系统的静态误差系数有哪几种？各是怎样定义的？

3-8 提高系统稳态精度的方法有哪几种？

3-9 已知单位负反馈二阶控制系统的单位阶跃响应的曲线如图 3-29 所示。试确定其开环传递函数。

3-10 如图 3-30 所示的某二阶系统，其中 $\zeta = 0.5$，$\omega_n = 4$ rad/s。当输入信号为单位阶跃函数时，试求系统的动态性能指标。

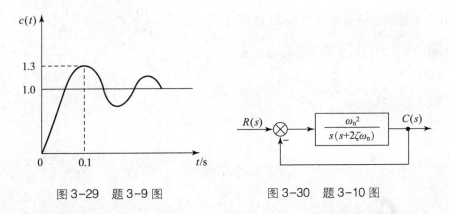

图 3-29 题 3-9 图　　　　图 3-30 题 3-10 图

3-11 已知系统闭环特征方程如下，试用劳斯稳定性判据判别系统的稳定性，并分析闭环特征根的情况。

(1) $s^3 + 20s^2 + 4s + 50 = 0$

(2) $s^3 + 20s^2 + 4s + 100 = 0$

(3) $s^4 + 2s^3 + s^2 + 2s + 1 = 0$

(4) $s^6 + 2s^5 + 8s^4 + 12s^3 + 20s^2 + 16s + 16 = 0$

3-12 已知系统闭环特征方程如下，用劳斯稳定性判据确定系统稳定的 K 值范围。

(1) $s^3 + 8s^2 + 25s + K = 0$

(2) $s^4 + 3s^3 + 3s^2 + 2s + K = 0$

3-13 控制系统的结构图如图 3-31 所示，当输入信号为单位阶跃函数时，试分别确定当 $K_b = 1$ 和 0.1 时，系统的稳态误差。

3-14 控制系统的结构图如图 3-32 所示，试求 $r(t)$ 为下述情况时的稳态误差。

(1) $r(t) = I(t) + 2t$

（2）$r(t)=10I(t)$

（3）$r(t)=4+6t+3t^2$

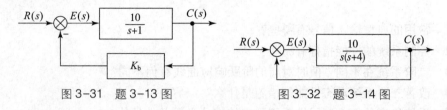

图 3-31　题 3-13 图　　　　　　图 3-32　题 3-14 图

3-15　控制系统的结构图如图 3-33 所示，已知 $r(t)=t$，$d(t)=1(t)$，求系统的稳态误差。

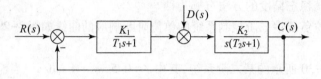

图 3-33　题 3-15 图

3-16　系统动态结构图如图 3-23 所示，其中 $G_1(s)=\dfrac{10}{s+5}$，$G_2(s)=\dfrac{3}{s+3}$，$H(s)=\dfrac{2}{s}$，已知 $r(t)=2t$，$d(t)=0.51(t)$，求系统的稳态误差。

第4单元

频域分析法

❖ **素质目标**

1. 培养学生勤于思考,不断进取的能力。
2. 培养学生发现问题,解决问题的能力。
3. 培养学生能够独立思考,自主完成项目任务的能力。

❖ **知识目标**

1. 理解频率特性的概念,掌握频率特性的计算与数学表达式。
2. 熟练掌握典型环节频率特性的频率特性。
3. 熟练掌握系统开环频率特性的奈奎斯特图与伯德图的画法及其规律。
4. 熟练掌握奈奎斯特稳定性判据判断闭环系统的稳定性,并计算稳定裕量。
5. 熟悉系统开环频率特性与系统性能的关系。

❖ **能力目标**

1. 灵活运用频率特性的表示法。
2. 由最小相位系统的近似对数幅频曲线写出其相应的传递函数。
3. 会绘制开环频率特性的奈奎斯特图与伯德图。
4. 应用奈奎斯特稳定性判据判断闭环系统的稳定性,同时会计算稳定裕量。

前一单元时域分析法分析自动控制系统的各种动态与稳态性能是比较直观、准确的。但是对高阶系统,分析系统的性能较困难、费时。在工程实际中,常用频域法分析和设计控制系统。频域分析法是一种图解分析法,通过系统频率特性来分析系统的各种性能,与时域分析法比较具有明显的优点。频域分析法是图解分析法,具有较强的直观性,计算量较小。根据系统的开环频率特性即可定性分析闭环的特点;可以用实验方法得到控制系统的频率特性,并据此求出系统的数学模型;能方便地分析系统参数对系统性能的影响,进一步提出改善系统性能的方法。

模块一 频率特性的基本概念

一、频率特性的定义

对线性系统(如图4-1所示),若其输入信号为正弦量,则其稳态输出响应也将是同频率的正弦量,但是其幅值和相位一般都不同于输入量。若逐次改变输入信号的频率 ω,则输出响应的幅值与相位都会发生变化,如图4-2所示。

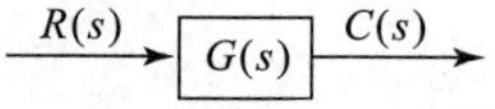

$$\xrightarrow{R(s)} \boxed{G(s)} \xrightarrow{C(s)}$$

图4-1　系统结构图

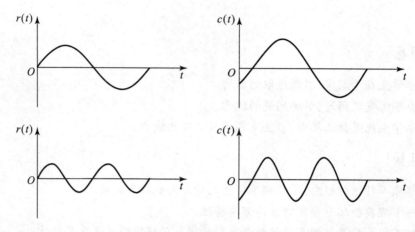

图4-2　线性系统的频率特性响应示意图

若设输入量为

$$r(t) = A_r \sin\omega t$$

则输出量将为

$$c(t) = A_c \sin(\omega t + \varphi) = AA_r \sin(\omega t + \varphi) \tag{4-1}$$

式(4-1)中,输出量与输入量的幅值之比用 A 表示 $\left(A = \dfrac{A_c}{A_r}\right)$,输出量与输入量的相位移则用 φ 表示。

一个稳定的线性系统,幅值之比 A 和相位移 φ 都是频率 ω 的函数(随 ω 的变化而改变),所以通常写成 $A(\omega)$ 和 $\varphi(\omega)$。这意味着,它们的值对不同的频率可能是不同的。

因此,频率特性定义为:线性定常系统在正弦输入信号作用下,输出的稳态分量与输入量的复数比。其定义式为

$$G(j\omega) = A(\omega)e^{j\varphi(\omega)} \tag{4-2}$$

式中　$G(j\omega)$——频率特性;

　　　　$A(\omega)$——幅频特性;

　　　　$\varphi(\omega)$——相频特性。

二、频率特性与传递函数的关系

一个线性定常系统(或环节)频率特性,就是其对应的传递函数 $\phi(s)\,[$或 $G(s)]$ 在 $s = j\omega$ 时的特殊形式,即

$$\phi(s)\,\big|_{s=j\omega} = \phi(j\omega)$$
$$G(s)\,\big|_{s=j\omega} = G(j\omega) \tag{4-3}$$

惯性环节的传递函数为

$$G(s) = \frac{C(s)}{R(s)} = \frac{1}{Ts+1}$$

将 s 用 $j\omega$ 代替，得到其频率特性为

$$G(j\omega) = \frac{1}{j\omega T+1}$$

三、频率特性的数学表达式

1. 指数形式

$$G(j\omega) = A(\omega)e^{j\varphi(\omega)}$$

2. 代数形式

$$G(j\omega) = P(\omega) + jQ(\omega) \tag{4-4}$$

式中　$G(j\omega)$——频率特性；

　　　$P(\omega)$——实频特性；

　　　$Q(\omega)$——虚频特性。

它们之间的关系为

$$P(\omega) = A(\omega)\cos\varphi(\omega)$$

$$Q(\omega) = A(\omega)\sin\varphi(\omega)$$

$$A(\omega) = \sqrt{P^2(\omega) + Q^2(\omega)}$$

$$\varphi(\omega) = \arctan\frac{Q(\omega)}{P(\omega)}$$

例 4-1　RC 电路，如图 2-1 所示，已知 $r(t) = A_r\sin\omega t$，求该电路的频率特性。

解　RC 电路传递函数为

$$G(s) = \frac{C(s)}{R(s)} = \frac{1}{RCs+1}$$

频率特性：将 s 用 $j\omega$ 代替，有

$$G(j\omega) = \frac{1}{j\omega RC+1}$$

代数形式为

$$G(j\omega) = \frac{1-j\omega RC}{1+\omega^2 R^2 C^2}$$

$$= \frac{1}{1+\omega^2 R^2 C^2} - j\frac{\omega RC}{1+\omega^2 R^2 C^2}$$

实频特性为

$$P(\omega) = \frac{1}{1+\omega^2 R^2 C^2}$$

虚频特性为

$$Q(\omega) = -\frac{\omega RC}{1+\omega^2 R^2 C^2}$$

幅频特性为

$$A(\omega) = \frac{1}{\sqrt{\omega^2 R^2 C^2 + 1}}$$

相频特性为

$$\varphi(\omega) = -\arctan\omega RC$$

四、频率特性的图像表示法

工程上对系统或环节的频率特性常用图像表示，主要有以下几种。

1. 幅相频率特性曲线[也称极坐标图或奈奎斯特（Nyquist）图]

将频率特性写成指数形式，即

$$G(j\omega) = A(\omega)e^{j\varphi(\omega)}$$

以频率 ω 为变量，使其从零变化到无穷大时，将 $A(\omega)$、$\varphi(\omega)$ 同时表示在复数平面上所得到的曲线。

2. 对数频率特性曲线[也称伯德（Bode）图]

将频率特性写成指数形式，即

$$G(j\omega) = A(\omega)e^{j\varphi(\omega)}$$

$$L(\omega) = 20\lg A(\omega)$$

称为对数幅频特性。

对数频率特性曲线包括两个曲线：

（1）对数幅频特性曲线，即 $L(\omega)$—$\lg\omega$ 曲线。

（2）对数相频特性曲线，即 $\varphi(\omega)$—$\lg\omega$ 曲线。

对数幅频特性曲线横坐标表示频率 ω，是按对数分度的。即以 $\lg\omega$ 均匀刻度为横轴，但坐标数值标注频率 ω。表 4-1 是对数 $\lg\omega$ 与 ω 的关系表。对数分度的特点是频率 ω 每变化 10 倍，横坐标为一个单位长。频率 ω 变化 10 倍称为十倍频程，简记为 dec（decade）。对数分度使横轴所表示的频率范围展宽，并且使低频段反映更多的信息。

对数幅频特性曲线的纵坐标表示 $L(\omega)$，$L(\omega) = 20\lg A(\omega)$，表 4-2 是 $A(\omega)$ 与 $L(\omega)$ 的关系表。均匀分度，单位是 dB。

对数相频特性曲线的纵坐标表示 $\varphi(\omega)$，均匀分度，单位是（°）。图 4-3 是对数频率特性的坐标。

表 4-1　对数 $\lg\omega$ 与 ω 的关系表

特性	数　值												
ω	0.01	0.1	1	2	3	4	5	6	7	8	9	10	100	1000
$\lg\omega$	−2	−1	0	0.301	0.477	0.602	0.699	0.778	0.845	0.903	0.954	1	2	3

表 4-2　$A(\omega)$ 与 $L(\omega)$ 的关系表

特性	数　值						
$A(\omega)$	0.01	0.1	1	2	5	8	10	100
$L(\omega)$	−40	−20	0	6	14	18	20	40

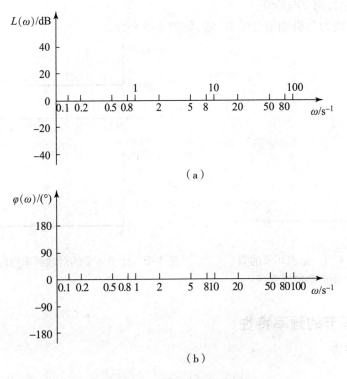

（a）

（b）

图 4-3 对数频率特性的坐标

模块二 典型环节的频率特性

一、比例环节的频率特性

1. 传递函数

$$G(s) = K$$

2. 幅相频率特性

频率特性为

$$G(j\omega) = K$$

幅频特性为

$$A(\omega) = K$$

相频特性为

$$\varphi(\omega) = 0°$$

比例环节的幅频特性和相频特性均为常数，与频率无关。幅相频率特性曲线为正实轴上的一个点$(K, j0)$，如图 4-4 所示。

3. 对数频率特性

对数幅频特性为

$$L(\omega) = 20\lg A(\omega) = 20\lg K$$

对数幅频特性为截距是$20\lg K(dB)$、平行于横轴的直线。若$K > 1$，则$20\lg K > 0$；若$K = 1$，则

$20\lg K = 0$；若 $0 < K < 1$，则 $20\lg K < 0$。

相频特性曲线为与横轴重合的 $0°$ 线，如图 4-5 所示。

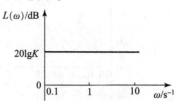

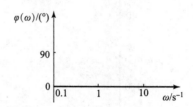

图 4-5　比例环节的对数频率特性曲线

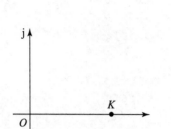

图 4-4　比例环节的幅
相频率特性曲线

二、积分环节的频率特性

1. 传递函数为

$$G(s) = \frac{1}{s}$$

2. 幅相频率特性

频率特性为

$$G(j\omega) = \frac{1}{j\omega} = -j\frac{1}{\omega}$$

幅频特性为

$$A(\omega) = \frac{1}{\omega}$$

相频特性为

$$\varphi(\omega) = -90°$$

幅频特性曲线如图 4-6 所示。

起点：$\omega = 0$，$A(\omega) = \infty$，$\varphi(\omega) = -90°$。

终点：$\omega = \infty$，$A(\omega) = 0$，$\varphi(\omega) = -90°$。

积分环节的相频特性为 $-90°$，幅频特性与频率 ω 成反比。幅相特性曲线在负虚轴上。

3. 对数频率特性

对数幅频特性为

$$L(\omega) = 20\lg A(\omega) = 20\lg\frac{1}{\omega} = -20\lg\omega$$

积分环节的对数幅频特性 $L(\omega)$ 与变量 $\lg\omega$ 是直线关系，其斜率为 $-20\text{dB}/\text{dec}$，特殊点为 $\omega = 1$ 时，$A(\omega) = 1$，并且 $L(\omega) = 20\lg A(\omega) = 0(\text{dB})$。对数幅频特性曲线 $L(\omega)$ 是通过 $\omega = 1$、$L(\omega) = 0\text{dB}$ 点，斜率为 $-20\text{dB}/\text{dec}$ 的一条直线。

相频特性曲线则是平行于横轴、相频值为-90°的直线,如图4-7所示。

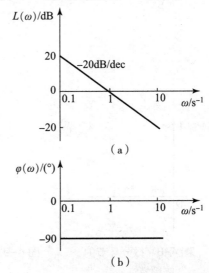

图4-7 积分环节的对数频率特性曲线

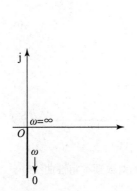

图4-6 积分环节的
幅频特性曲线

三、微分环节的频率特性

1. 传递函数

$$G(s) = s$$

2. 幅相频率特性

频率特性为

$$G(j\omega) = j\omega$$

幅频特性为

$$A(\omega) = \omega$$

相频特性为

$$\varphi(\omega) = 90°$$

幅频特性曲线如图4-8所示。

起点:$\omega = 0$, $A(\omega) = 0$, $\varphi(\omega) = 90°$。

终点:$\omega = \infty$, $A(\omega) = \infty$, $\varphi(\omega) = 90°$。

幅相特性曲线在正虚轴上。

3. 对数频率特性

对数幅频特性为

$$L(\omega) = 20\lg A(\omega) = 20\lg\omega$$

对数幅频线 $L(\omega)$ 为过 $\omega = 1$、$L(\omega) = 0$dB 点,斜率为20dB/dec 的一条直线,如图4-9(a)所示。

$$\varphi(\omega) = 90°$$

相频特性曲线 $\varphi(\omega)$ 是平行于横轴、相频值为90°的直线,如图4-9(b)所示。

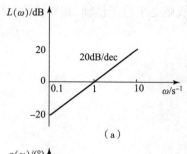

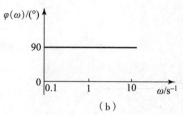

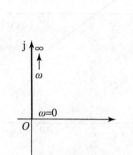

图 4-8　微分环节的　　　图 4-9　微分环节的对数频率特性曲线
　　　幅频特性曲线

积分环节 $\dfrac{1}{s}$ 与微分环节 s 两个环节的传递函数互为倒数,则它们的对数频率特性曲线是以横轴为对称的。

四、惯性环节的频率特性

1. 传递函数

$$G(s) = \frac{1}{Ts+1}$$

2. 幅相频率特性

频率特性为

$$G(j\omega) = \frac{1}{j\omega T+1}$$

幅频特性为

$$A(\omega) = \frac{1}{\sqrt{1+(T\omega)^2}} \tag{4-5}$$

相频特性为

$$\varphi(\omega) = -\arctan\omega T$$

实频特性为

$$P(\omega) = \frac{1}{1+\omega^2 T^2}$$

虚频特性为

$$Q(\omega) = -\frac{\omega T}{1+\omega^2 T^2}$$

经过推导得出

$$P^2(\omega) + Q^2(\omega) - P(\omega) = 0$$

幅相特性曲线是以 $(0.5, j0)$ 点为圆心,半径为 0.5 的一个半圆,如图 4-10 所示。

起点: $\omega = 0, A(\omega) = 1, \varphi(\omega) = 0°$。

终点: $\omega = \infty, A(\omega) = 0, \varphi(\omega) = -90°$。

3. 对数频率特性

(1) 对数幅频特性

$$L(\omega) = 20\lg A(\omega) = 20\left[\lg 1 - \lg\sqrt{1+(T\omega)^2}\right]$$

$$= -20\lg\sqrt{1+(T\omega)^2} \tag{4-6}$$

绘制对数幅频特性,因逐点绘制很烦琐,通常采用近似的画法。先做出 $L(\omega)$ 的渐近线,再计算修正值,最后精确绘制实际曲线。表 4-3 体现惯性环节幅频特性、相频特性随 ω 值变化的情况。

由图 4-11 可见, $L(\omega)$ 在低频和高频时的变化规律,即

① 低频段。当 $\omega \ll \dfrac{1}{T}$ (或 $\omega T \ll 1$) 时,由式 (4-5) 计算得 $A(\omega) = 1$,则 $L(\omega) = 20\lg A(\omega) \approx$ 0dB。惯性环节的对数幅频特性在低频段近似为 0dB 的水平线,称它为低频渐近线。

② 高频段。当 $\omega \gg \dfrac{1}{T}$ (或 $\omega T \gg 1$) 时,计算得 $A(\omega) \approx \dfrac{1}{T\omega}$,则

$$L(\omega) = 20\lg A(\omega) \approx 20\lg\dfrac{1}{T\omega} = -20\lg T - 20\lg\omega$$

惯性环节的对数幅频特性在高频段的近似对数幅频曲线,是一条过特殊点 $\omega = \dfrac{1}{T}$、$L(\omega) =$ 0dB 点,斜率为 -20dB/dec 的直线,称它为高频渐近线。

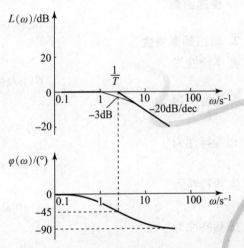

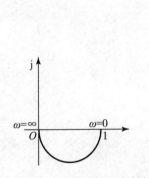

图 4-10 惯性环节的幅相频率特性曲线　　图 4-11 惯性环节的对数频率特性曲线

③ 交接频率(转折频率)。高频渐近线与低频渐近线相交于 $\omega = \dfrac{1}{T}$、$L(\omega) = 0$ 的点,故横轴上 $\omega = \dfrac{1}{T}$ 的点称为交接频率或转折频率。

④修正。以渐近线近似表示对数幅频曲线，在交接频率处误差最大。

当 $\omega = \dfrac{1}{T}$ 时，$L(\omega) = -20\lg\sqrt{1+(T\omega)^2} = -20\lg\sqrt{1+1} = -20\lg\sqrt{2} = -3.01(\text{dB})$

（2）对数相频特性

$$\varphi(\omega) = -\arctan\omega T$$

对数相频特性曲线 $\varphi(\omega)$，按表4-3中的数据或是再多取一些点，逐点描绘，能得到相应的曲线，如图4-11所示。

相频曲线的特点为：当 $\omega = \dfrac{1}{T}$（交接频率）时，相频值为 $-45°$，并且整条曲线对 $\omega = \dfrac{1}{T}$，$\varphi(\omega) = -45°$ 是奇对称的，以及低频时趋于 $0°$ 线（即横坐标轴），高频时则趋于 $-90°$ 的水平线。

由图4-11可看出低频信号能通过，高频信号将被滤掉，是个低通滤波器。

表4-3　惯性环节幅频特性、相频特性随 ω 值变化的情况

特性	数　　　值									
ω/s^{-1}	0	$0.5\dfrac{1}{T}$	$\dfrac{1}{T}$	$2\dfrac{1}{T}$	$3\dfrac{1}{T}$	$4\dfrac{1}{T}$	$8\dfrac{1}{T}$	$10\dfrac{1}{T}$	$20\dfrac{1}{T}$	∞
ωT	0	0.5	1	2	3	4	8	10	20	∞
$A(\omega)$	0	0.89	0.707	0.447	0.316	0.242	0.124	0.099	0.05	0
$L(\omega)/\text{dB}$	0	-0.97	-3.01	-6.99	-10	-12.3	-18.1	-20.0	-26.0	$-\infty$
$\varphi(\omega)/(°)$	0	-26.6	-45	-63.4	-71.6	-76	-82.9	-84.3	-87.1	-90

五、一阶微分环节的频率特性

1. 传递函数

$$G(s) = Ts+1$$

2. 幅相频率特性

频率特性为

$$G(\text{j}\omega) = \text{j}T\omega+1 \qquad\qquad (4-7)$$

幅频特性为

$$A(\omega) = \sqrt{1+(T\omega)^2}$$

相频特性为

$$\varphi(\omega) = \arctan T\omega$$

实频特性为

$$P(\omega) = 1$$

虚频特性为

$$Q(\omega) = T\omega$$

幅频特性曲线如图4-12所示。

起点：$\omega = 0$，$P(\omega) = 1$，$Q(\omega) = 0$。

终点：$\omega = \infty$，$P(\omega) = 1$，$Q(\omega) = \infty$。

幅相频率特性曲线，由式（4-7）可知，是实部恒为1的、平行于正虚轴的直线；由相频的变化范围，可知曲线在直角坐标的第一象限中，如图4-12所示。

3. 对数频率特性

对数幅频特性为

$$L(\omega) = 20\lg\sqrt{1+(T\omega)^2}$$

相频特性为

$$\varphi(\omega) = \arctan T\omega$$

一阶微分环节 $Ts+1$ 与惯性环节 $\dfrac{1}{Ts+1}$ 两个环节的传递函数互为倒数,则它们的对数频率特性曲线是以横轴为对称的,图 4-11 为惯性环节的对数频率特性曲线,一阶微分环节的对数频率特性曲线如图 4-13 所示。

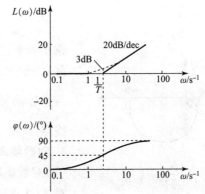

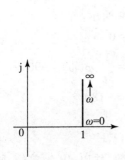

图 4-12 一阶微分环节的幅相频率特性曲线 　　图 4-13 一阶微分环节的对数频率特性曲线

六、振荡环节的频率特性

1. 传递函数

$$G(s) = \frac{\omega_n^2}{s^2 + 2\zeta\omega s + \omega_n^2}$$

或

$$G(s) = \frac{1}{T^2 s^2 + 2\zeta T s + 1}$$

2. 幅相频率特性

频率特性为

$$G(j\omega) = \frac{\omega_n^2}{(\omega_n^2 - \omega^2) + j2\zeta\omega_n} = \frac{1}{\left[1 - \left(\dfrac{\omega}{\omega_n}\right)^2\right] + j2\zeta\left(\dfrac{\omega}{\omega_n}\right)}$$

或

$$G(j\omega) = \frac{1}{(1 - T^2\omega^2) + j2\zeta T\omega}$$

幅频特性为

$$A(\omega) = \frac{1}{\sqrt{\left[1 - \left(\dfrac{\omega}{\omega_n}\right)^2\right]^2 + \left(2\zeta\dfrac{\omega}{\omega_n}\right)^2}} \tag{4-8}$$

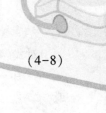

或

$$A(\omega) = \frac{1}{\sqrt{(1-T^2\omega^2)^2 + (2\zeta T\omega)^2}}$$ (4-9)

相频特性为

$$\varphi(\omega) = -\arctan\frac{2\zeta \cdot \dfrac{\omega}{\omega_n}}{1-\left(\dfrac{\omega}{\omega_n}\right)^2}$$

或

$$\varphi(\omega) = -\arctan\frac{2\zeta T\omega}{1-T^2\omega^2}$$

幅相频率特性曲线如图 4-14 所示。

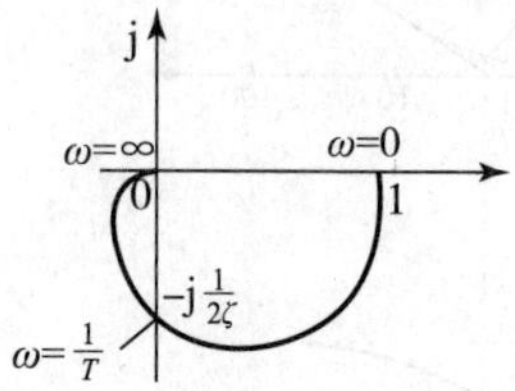

起点：$\omega = 0, A(\omega) = 1, \varphi(\omega) = 0$。

与坐标轴交点：$\omega = \dfrac{1}{T}, A(\omega) = \dfrac{1}{2\zeta}, \varphi(\omega) = -90°$。

终点：$\omega = \infty, A(\omega) = 0, \varphi(\omega) = -180°$。

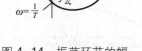

图 4-14　振荡环节的幅
相频率特性曲线

3. 对数频率特性

（1）对数幅频特性

对式（4-8）或式（4-9）取对数，并以 dB 为单位，则振荡环节的对数幅频特性为

$$L(\omega) = 20\lg A(\omega) = -20\lg\sqrt{\left[1-\left(\dfrac{\omega}{\omega_n}\right)^2\right]^2 + \left(2\zeta\dfrac{\omega}{\omega_n}\right)^2}$$

或

$$L(\omega) = -20\lg\sqrt{[1-(T\omega)^2]^2 + (2\zeta T\omega)^2}$$

同时看 $L(\omega)$ 曲线的两极端情况。

①低频段。当 $\omega \ll \dfrac{1}{T}$ 或 $\omega \ll \omega_n$ 时，由式（4-8）或式（4-9）计算得 $A(\omega) \approx 1$，故 $L(\omega) = 20\lg A(\omega) \approx 0\text{dB}$。振荡环节的对数幅频特性在低频段近似为 0dB 的水平线，为低频渐近线。

②高频段。当 $\omega \gg \dfrac{1}{T}$ 或 $\omega \gg \omega_n$ 时，同理可计算得

$$A(\omega) \approx \frac{1}{\sqrt{\left(\dfrac{\omega}{\omega_n}\right)^4}} = \left(\frac{\omega_n}{\omega}\right)^2$$ (4-10)

或

$$A(\omega) \approx \frac{1}{(T\omega)^2}$$

对式（4-10）取对数，并以 dB 为单位，则对数幅频特性为

$$L(\omega) = 20\lg A(\omega) \approx 40\lg\omega_n - 40\lg\omega$$

或

$$L(\omega) = 20\lg A(\omega) \approx -40\lg T - 40\lg\omega \qquad (4-11)$$

其斜率为-40dB/dec。特殊点 $\omega = \omega_n = \dfrac{1}{T}$ 时,代入式(4-11)计算得: $L(\omega) = 0(dB)$。则该直线为通过特殊点 $\omega = \omega_n = \dfrac{1}{T}$、$L(\omega) = 0dB$,斜率为-40dB/dec 的直线,为振荡环节的高频渐近线。

③交接频率。高频渐近线与低频渐近线在零分贝线(横轴)上相交于 $\omega = \omega_n = \dfrac{1}{T}$ 处,所以振荡环节的交接频率是无阻尼自然振荡频率 $\omega_n = \dfrac{1}{T}$。

④修正。用渐近线近似表示对数幅频特性曲线,在交接频率处误差最大。表4-4体现振荡环节对数幅频特性最大误差与 ζ 的关系。

当 $\omega = \omega_n = \dfrac{1}{T}$ 时,$L(\omega) = -20\lg(2\zeta)$。

表4-4　振荡环节对数幅频特性最大误差与 ζ 的关系

ζ	0.1	0.2	0.3	0.4	0.5	0.6	0.7	0.8	0.9	1.0
最大误差	14.0	8.0	4.4	1.9	1	-1.6	-2.9	-4.0	-5.1	-6.0

阻尼比 ζ 值不同,曲线的形状是不同的,如图4-15所示。工程上,在近似估算时,当 $0.4 < \zeta < 0.7$ 时,误差小于3dB,不需要修正,常用其低频渐近线与高频渐近线组合的折线来代替实际的对数幅频特性曲线 $L(\omega)$,称之为近似对数幅频特性曲线。但当 $\zeta < 0.4$ 或 $\zeta > 0.7$ 时,误差值较大,必须加以修正。

（2）对数相频特性。

相频特性 $\varphi(\omega)$,低频时趋于0°,高频时趋于-180°;$\omega = \omega_n = \dfrac{1}{T}$ 时为-90°,与 ζ 无关,如图4-15所示。

七、迟延环节的频率特性

1. 传递函数

$$G(s) = e^{-\tau s}$$

2. 幅相频率特性

频率特性为

$$G(j\omega) = e^{-j\tau\omega}$$

幅频特性为

$$A(\omega) = 1$$

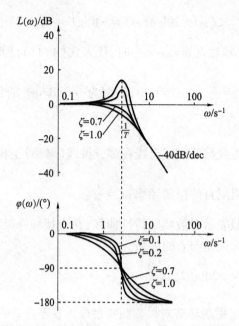

图 4-15　振荡环节的对数频率特性曲线

相频特性为

$$\varphi(\omega) = -\tau\omega$$

幅相频率特性曲线是一个以坐标原点为圆心、半径为 1 的单位圆。随着 ω 从零变化到无穷大，它从正实轴上的 (1,j0) 点起，顺时针方向沿单位圆无限重复旋转，相频值从零度变化到负无穷，如图 4-16 所示。

3. 对数频率特性

对数幅频特性为

$$L(\omega) = 20\lg A(\omega) = 0\text{dB}$$

对数幅频曲线为与横轴重合的 0dB 线。

相频特性是一条曲线，如图 4-17 所示。

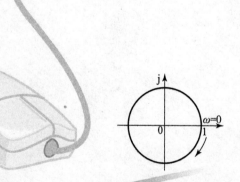

图 4-16　迟延环节的幅相
　　　　　频率特性曲线

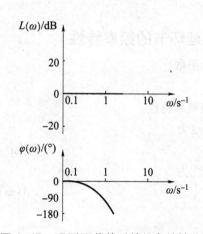

图 4-17　迟延环节的对数频率特性曲线

八、一阶不稳定环节的频率特性

1. 传递函数

$$G(s) = \frac{1}{Ts-1}$$

因特征根 $s_1 = \frac{1}{T}$，为正根，故此环节是不稳定的。

2. 幅相频率特性

频率特性为

$$G(j\omega) = \frac{1}{j\omega T-1}$$

幅频特性为

$$A(\omega) = \frac{1}{\sqrt{1+(T\omega)^2}}$$

相频特性为

$$\varphi(\omega) = -\arctan\frac{\omega T}{-1}$$

幅相频率特性曲线是以 $(-0.5, j0)$ 点为圆心，半径为 0.5 的一个半圆，如图 4-18 所示。

3. 对数频率特性

对数幅频特性为

$$L(\omega) = -20\lg\sqrt{1+(T\omega)^2}$$

与惯性环节相同。

相频值的变化：

$$\omega=0, \varphi(\omega) = -180°$$

$$\omega=\frac{1}{T}, \varphi(\omega) = -135°$$

$$\omega=\infty, \varphi(\omega) = -90°$$

一阶不稳定环节的对数频率特性曲线如图 4-19 所示。

九、最小相位系统和非最小相位系统

当 ω 从 $0\rightarrow\infty$ 变化时，一阶不稳定环节的相频值从 $-180°$ 变化到 $-90°$，而稳定的惯性环节则是从 $0°$ 变化到 $-90°$，可见前者的相频绝对值大，后者的相频绝对值小，故惯性环节常常称为最小相位环节，而一阶不稳定环节又称为非最小相位环节。

传递函数中含有右极点、右零点的系统或环节，称为非最小相位系统（或环节）；而传递函数中没有右极点、右零点的系统或环节，称为最小相位系统（或环节）。

对于最小相位系统或环节来说，其幅频特性与相频特性有唯一的对应关系，所以，在 ω 从 $0\rightarrow\infty$ 时，根据幅频特性曲线就可唯一地确定其相频特性曲线，而对非最小相位系统（或环节），则不能只根据幅频特性曲线来确定相频特性曲线，因存在着多种可能性故不能只依据幅频特性曲线来评价系统的响应特性。

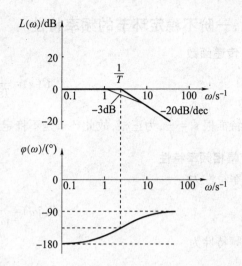

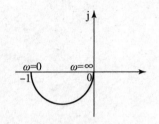

图 4-18　一阶不稳定环节的幅
相频率特性曲线

图 4-19　一阶不稳定环节的对数频率特性曲线

模块三　系统开环频率特性

开环系统是由若干个典型环节串联而成的。上一模块讲述了典型环节的频率特性，结合绘制典型环节频率特性曲线的方法，绘制开环系统的频率特性曲线。

系统开环传递函数为

$$G_K(s) = G_1(s) G_2(s) \cdots G_n(s)$$

$$G_K(s) = \prod_{i=1}^{n} G_i(s)$$

开环频率特性为

$$G_K(j\omega) = \prod_{i=1}^{n} G_i(j\omega)$$

开环幅频特性为

$$A(\omega) = \prod_{i=1}^{n} A_i(\omega)$$

开环对数幅频特性为

$$L(\omega) = \sum_{i=1}^{n} L_i(\omega)$$

开环相频特性为

$$\varphi(\omega) = \sum_{i=1}^{n} \varphi_i(\omega)$$

系统开环传递函数的一般表达式为

$$G_k(s) = \frac{K\prod\limits_{j=1}^{m}(\tau_j s + 1)}{s^{\nu}\prod\limits_{i=1}^{n-\nu}(T_i s + 1)} \quad n \geqslant m \tag{4-12}$$

式中　K——系统的开环放大系数；

　　　ν——积分环节的个数；

　　　τ_j、T_i——时间常数。

一、0 型系统的开环频率特性

1. 传递函数

$$G_k(s) = \frac{K}{Ts+1}$$

2. 幅相频率特性

频率特性为

$$G(j\omega) = \frac{K}{j\omega T+1}$$

幅频特性为

$$A(\omega) = \frac{K}{\sqrt{1+(T\omega)^2}}$$

相频特性为

$$\varphi(\omega) = -\arctan\omega T$$

实频特性为

$$P(\omega) = \frac{K}{1+\omega^2 T^2}$$

虚频特性为

$$Q(\omega) = -\frac{\omega TK}{1+\omega^2 T^2}$$

$$P^2(\omega) + Q^2(\omega) - KP(\omega) = 0$$

幅相频率特性曲线是以 $(0.5K, j0)$ 点为圆心，半径为 $0.5K$ 的一个半圆，如图 4-20 所示。

起点：$\omega=0$，$A(\omega)=K$，$\varphi(\omega)=0°$。

终点：$\omega=\infty$，$A(\omega)=0$，$\varphi(\omega)=-90°$。

3. 对数频率特性

（1）对数幅频特性：

$$L(\omega) = 20\lg A(\omega) = 20\left[\lg K - \lg\sqrt{1+(T\omega)^2}\right]$$
$$= 20\lg K - 20\lg\sqrt{1+(T\omega)^2}$$
$$= L_1(\omega) + L_2(\omega)$$

$L_1(\omega) = 20\lg K$，比例环节幅频特性

$L_2(\omega) = -20\lg\sqrt{1+(T\omega)^2}$，惯性环节幅频特性

$L_1(\omega)$ 与 $L_2(\omega)$ 相叠加得 $L(\omega)$。

（2）对数相频特性：

$$\varphi(\omega) = 0 - \arctan\omega T = \arctan\omega T$$

特殊点：

$$\omega = 0, \varphi(\omega) = 0°$$

$$\omega = \frac{1}{T}, \varphi(\omega) = -45°$$

$$\omega = \infty, \varphi(\omega) = -90°$$

0型系统的对数频率特性曲线如图 4-21 所示。

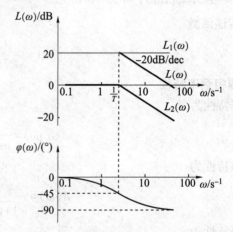

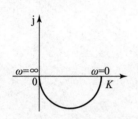

图 4-20　0型系统的幅相
频率特性曲线

图 4-21　0型系统的对数频率特性曲线

二、Ⅰ型系统的开环频率特性

1. 传递函数

$$G_k(s) = \frac{K}{s(Ts+1)}$$

2. 幅相频率特性

频率特性为

$$G(j\omega) = \frac{K}{j\omega(j\omega T+1)}$$

幅频特性为

$$A(\omega) = \frac{K}{\omega\sqrt{1+(T\omega)^2}}$$

相频特性为

$$\varphi(\omega) = -90 - \arctan\omega T$$

实频特性为

$$P(\omega) = -\frac{KT}{1+\omega^2 T^2}$$

虚频特性为

$$Q(\omega) = -\frac{K}{\omega(1+\omega^2 T^2)}$$

Ⅰ型系统的幅相频率特性曲线如图4-22所示。

起点：$\omega = 0, P(\omega) = -KT, \varphi(\omega) = -90°$。

终点：$\omega = \infty, P(\omega) = 0, \varphi(\omega) = -180°$。

3. 对数频率特性

（1）对数幅频特性

$$L(\omega) = 20\lg A(\omega) = 20[\lg K - \lg\omega - \lg\sqrt{1+(T\omega)^2}]$$
$$= 20\lg K - 20\lg\omega - 20\lg\sqrt{1+(T\omega)^2}$$
$$= L_1(\omega) + L_2(\omega) + L_3(\omega)$$

$L_1(\omega) = 20\lg K$，比例环节幅频特性

$L_2(\omega) = -20\lg\omega$，积分环节幅频特性

$L_3(\omega) = -20\lg\sqrt{1+(T\omega)^2}$，惯性环节幅频特性

$L_1(\omega)$、$L_2(\omega)$与$L_3(\omega)$相叠加得$L(\omega)$。

（2）对数相频特性

$$\varphi(\omega) = 0 - 90 - \arctan\omega T = -90 - \arctan\omega T$$

特殊点：

$\omega = 0, \varphi(\omega) = -90°$

$\omega = \dfrac{1}{T}, \varphi(\omega) = -135°$

$\omega = \infty, \varphi(\omega) = -180°$

Ⅰ型系统的对数频率特性曲线如图4-23所示。

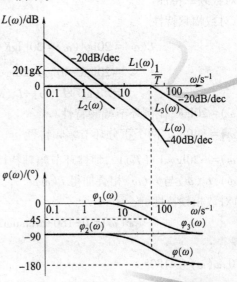

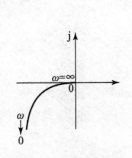

图4-22　Ⅰ型系统的幅相
频率特性曲线

图4-23　Ⅰ型系统的对数频率特性曲线

三、II型系统的开环频率特性

1. 传递函数

$$G_k(s) = \frac{K}{s^2(Ts+1)}$$

2. 幅相频率特性

频率特性为

$$G(j\omega) = \frac{K}{(j\omega)^2(j\omega T+1)}$$

幅频特性为

$$A(\omega) = \frac{K}{\omega^2\sqrt{1+(T\omega)^2}}$$

相频特性为

$$\varphi(\omega) = -180 - \arctan\omega T$$

实频特性为

$$P(\omega) = -\frac{K}{\omega^2(1+\omega^2 T^2)}$$

虚频特性为

$$Q(\omega) = \frac{KT}{\omega(1+\omega^2 T^2)}$$

起点：$\omega = 0, P(\omega) = -\infty, \varphi(\omega) = -180°$。
终点：$\omega = \infty, P(\omega) = 0, \varphi(\omega) = -270°$。
II型系统的幅相频率特性曲线如图4-24所示。

3. 对数频率特性

（1）对数幅频特性

$$\begin{aligned}L(\omega) &= 20\lg A(\omega) = 20\left[\lg K - 2\lg\omega - \lg\sqrt{1+(T\omega)^2}\right]\\&= 20\lg K - 40\lg\omega - 20\lg\sqrt{1+(T\omega)^2}\\&= L_1(\omega) + L_2(\omega) + L_3(\omega)\end{aligned}$$

$L_1(\omega) = 20\lg K$，比例环节幅频特性

$L_2(\omega) = -40\lg\omega$，两个积分环节幅频特性

$L_3(\omega) = -20\lg\sqrt{1+(T\omega)^2}$，惯性环节幅频特性

$L_1(\omega)$、$L_2(\omega)$与$L_3(\omega)$相叠加得$L(\omega)$。

（2）对数相频特性

$$\varphi(\omega) = 0 - 180 - \arctan\omega T = -180 - \arctan\omega T$$

特殊点：

$\omega = 0, \varphi(\omega) = -180°$。

$\omega = \dfrac{1}{T}, \varphi(\omega) = -225°$。

$\omega = \infty, \varphi(\omega) = -270°$。

Ⅱ型系统的对数频率特性曲线如图4-25所示。

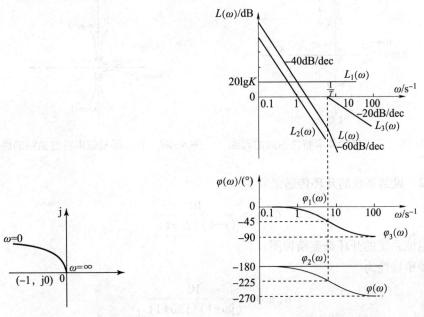

图4-24　Ⅱ型系统的幅相 频率特性曲线

图4-25　Ⅱ型系统的对数频率特性曲线

四、系统开环幅相频率特性曲线的画法

绘制开环幅相频率特性曲线的方法,若是特殊曲线直接绘制,不是特殊曲线逐点绘制太繁,一般曲线可通过绘制起点、终点和坐标轴的交点等特殊点,从而绘制出特性曲线的大致形状。

1. 开环幅相频率特性曲线的起点

当$\omega \rightarrow 0$时,$G_K(j\omega)$为特性曲线的起点。

由于不同的ν值,特性曲线的起点将来自坐标轴的4个不同的方向,如图4-26所示。

(1) 0型系统,$\nu=0$,开环幅相频率特性曲线起始于点K处。

(2) Ⅰ型系统,$\nu=1$,开环幅相频率特性曲线起始于点$-90°$处(负虚轴的∞处)。

(3) Ⅱ型系统,$\nu=2$,开环幅相频率特性曲线起始于点$-180°$处(负实轴的∞处)。

(4) Ⅲ型系统,$\nu=3$,开环幅相频率特性曲线起始于点$-270°$处(正实轴的∞处)。

开环幅相频率特性曲线的起点只与系统开环放大系数K、积分环节个数ν有关,而与惯性环节、一阶微分环节、振荡环节等无关。

2. 开环幅相频率特性曲线的终点

当$\omega \rightarrow \infty$时,$G_K(j\omega)$为特性曲线的终点。

$$\varphi(\omega) = -(n-m)90°$$

开环幅相频率特性曲线的终点如图4-27所示。

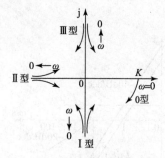

图 4-26 开环幅相频率特性曲线的起点

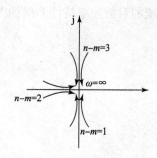

图 4-27 开环幅相频率特性曲线的终点

例 4-2 设某系统的开环传递函数为

$$G_k(s) = \frac{10}{(s+1)(2s+1)}$$

试绘制该系统的开环奈奎斯特图。

解 频率特性为

$$G(j\omega) = \frac{10}{(j\omega+1)(j2\omega+1)}$$

幅频特性为

$$A(\omega) = \frac{10}{\sqrt{1+\omega^2}\sqrt{1+4\omega^2}}$$

相频特性为

$$\varphi(\omega) = -\arctan\omega - \arctan2\omega$$

起点：$\omega=0, A(\omega)=10, \varphi(\omega)=0$。

与坐标轴交点：

$$\varphi(\omega) = -\arctan\omega - \arctan2\omega = -90°$$

$$\frac{\omega+2\omega}{1-\omega2\omega} = \infty$$

$$1-2\omega^2 = 0$$

得

$$\omega = \frac{\sqrt{2}}{2}$$

$$A(\omega) = \frac{10\sqrt{2}}{3} \approx 4.7$$

终点：$\omega=\infty, A(\omega)=0, \varphi(\omega)=-180°$。

开环奈奎斯特图如图 4-28 所示。

例 4-3 某系统的开环传递函数为

$$G(s) = \frac{10}{s(2s+1)}$$

试绘制该系统的开环奈奎斯特图。

解 频率特性为

$$G(j\omega) = \frac{10}{j\omega(j2\omega + 1)}$$

幅频特性为

$$A(\omega) = \frac{10}{\omega\sqrt{1 + 4\omega^2}}$$

相频特性为

$$\varphi(\omega) = -90 - \arctan 2\omega$$

实频特性为

$$P(\omega) = -\frac{20}{1 + 4\omega^2}$$

虚频特性为

$$Q(\omega) = -\frac{10}{\omega(1 + 4\omega^2)}$$

起点：$\omega = 0, P(\omega) = -20, \varphi(\omega) = -90°$。

终点：$\omega = \infty, P(\omega) = 0, \varphi(\omega) = -180°$。

系统开环奈奎斯特图如图 4-29 所示。

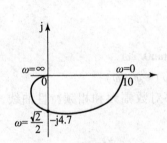

图 4-28　例 4-2 系统开环
奈奎斯特图

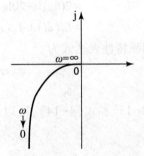

图 4-29　例 4-3 系统开环
奈奎斯特图

五、系统开环对数频率特性曲线（Bode）的画法

开环对数幅频特性为

$$L(\omega) = \sum_{i=1}^{n} L_i(\omega)$$

开环相频特性为

$$\varphi(\omega) = \sum_{i=1}^{n} \varphi_i(\omega)$$

1. 利用叠加法绘制

绘制步骤如下：

（1）写出系统开环传递函数的标准形式，并将开环传递函数写出各个典型环节的乘积形式。

（2）画出各典型环节的对数幅频特性和相频特性曲线。

（3）在同一坐标轴下，将各典型环节的对数幅频特性和相频特性曲线叠加，即可得到系统的开环对数频率特性。

例 4-4 已知 $G_K(s) = \dfrac{10}{(s+1)(0.2s+1)}$。试绘制系统的开环伯德图。

解 由传递函数知，系统的开环频率特性为

$$G_k(j\omega) = \frac{10}{(j\omega+1)(j0.2\omega+1)}$$

它是由比例环节和两个惯性环节组成的。

幅频特性为

$$A(\omega) = \frac{10}{\sqrt{1+\omega^2}\sqrt{1+0.04\omega^2}}$$

相频特性为

$$\varphi(\omega) = -\arctan\omega - \arctan0.2\omega$$

对数幅频特性为

$$
\begin{aligned}
L(\omega) &= 20\lg A(\omega)\\
&= 20\left[\lg10 - \lg\sqrt{1+\omega^2} - \lg\sqrt{1+0.04\omega^2}\right]\\
&= 20\lg10 - 20\lg\sqrt{1+\omega^2} - 20\lg\sqrt{1+0.04\omega^2} \qquad\qquad (4-13)\\
&= L_1(\omega) + L_2(\omega) + L_3(\omega)
\end{aligned}
$$

对数相频特性表达式为

$$
\begin{aligned}
\varphi(\omega) &= -\arctan\omega - \arctan0.2\omega\\
&= \varphi_1(\omega) + \varphi_2(\omega) + \varphi_3(\omega) \qquad\qquad\qquad (4-14)
\end{aligned}
$$

由式（4-13）和式（4-14），可以画出系统的开环对数幅频和相频特性曲线，如图 4-30 所示。

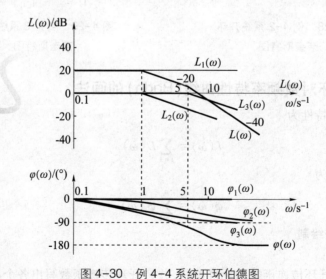

图 4-30 例 4-4 系统开环伯德图

此法绘制对数频率特性曲线比较麻烦，工程上采用简便的方法。

2. 工程绘制对数频率特性曲线的方法

由于不同的 ν 值，对数幅频特性曲线的低频段特点如图 4-31 所示。

（1）0 型系统，$\nu=0$，低频段 $L(\omega)=20\lg K$。

（2）Ⅰ 型系统，$\nu=1$，低频段的斜率是 $-20\mathrm{dB/dec}$。

（3）Ⅱ 型系统，$\nu=2$，低频段的斜率是 $-40\mathrm{dB/dec}$。

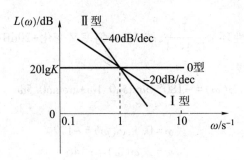

图 4-31　对数幅频特性曲线的低频段特点

绘图步骤如下：

（1）写出系统开环传递函数的标准形式，分析系统是由哪些典型环节组成的。

（2）计算各典型环节的交接频率，按由小到大的顺序依次排列。根据比例环节的 K 值，计算 $20\lg K$。

（3）绘制对数幅频特性曲线。

低频段：一般认为小于最小的交接频率。

过 $\omega=1$，$L(\omega)=20\lg K$ 的点，绘制斜率为 $-20\nu\mathrm{dB/dec}$ 的低频渐近线（若第一个交接频率 $\omega_1<1$，则为其延长线）。

① 0 型系统，$\nu=0$，低频段 $L(\omega)=20\lg K$。

② Ⅰ 型系统，$\nu=1$，低频段的斜率是 $-20\mathrm{dB/dec}$。

③ Ⅱ 型系统，$\nu=2$，低频段的斜率是 $-40\mathrm{dB/dec}$。

中高频段：从低频段开始，ω 从低到高，每经过一个典型环节的交接频率，对数幅频特性曲线斜率就改变一次。

经过惯性环节的交接频率，斜率变化 $-20\mathrm{dB/dec}$。

经过一阶微分环节的交接频率，斜率变化 $+20\mathrm{dB/dec}$。

经过振荡环节的交接频率，斜率变化 $-40\mathrm{dB/dec}$（按要求可对渐近线进行修正）。

（4）绘制对数相频特性曲线。

直接计算 $\varphi(\omega)$，通常采取求出几个特殊点，ω 取起点、交接频率点、终点等，从而得到相频特性的大致曲线。

例 4-5　已知系统的开环传递函数 $G_K(s)=\dfrac{10(0.5s+1)}{s^2(0.1s+1)}$，画出其开环伯德图。

解　（1）它是由比例环节、惯性环节、一阶微分和两个积分环节组成的。

频率特性为

$$G_\mathrm{k}(\mathrm{j}\omega)=\frac{10(\mathrm{j}0.5\omega+1)}{(\mathrm{j}\omega)^2(\mathrm{j}0.1\omega+1)}$$

（2）交接频率 $\omega_1=2$，$\omega_2=10$。

$$K=10,\ 20\lg K=20\lg 10=20\mathrm{dB}$$

（3）对数幅频特性曲线：

过 $\omega=1$ 时，$L(\omega)=20\mathrm{dB}$ 的点，作斜率为 $-40\mathrm{dB/dec}$ 的直线。

在 $\omega_1=2$ 处，加进一阶微分环节 $(0.5s+1)$，故 $L(\omega)$ 斜率变化 $20\mathrm{dB/dec}$，变为 $-20\mathrm{dB/dec}$。

在 $\omega_2=10$ 处，加进惯性环节 $\dfrac{1}{0.1s+1}$，故 $L(\omega)$ 斜率又变化 $-20\mathrm{dB/dec}$，变为 $-40\mathrm{dB/dec}$。

（4）对数相频特性曲线：

$$\varphi(\omega)=-180°-\arctan 0.1\omega+\arctan 0.5\omega$$

特殊点：

$$\omega=0.1,\varphi(\omega)=-177$$
$$\omega=2,\varphi(\omega)=-146$$
$$\omega=5,\varphi(\omega)=-138$$
$$\omega=10,\varphi(\omega)=-146$$
$$\omega=\infty,\varphi(\omega)=-180$$

开环伯德图如图 4-32 所示。

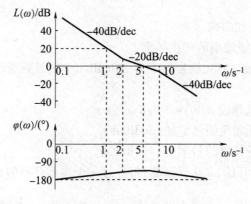

图 4-32　例 4-5 开环伯德图

六、根据对数幅频特性曲线确定传递函数

最小相位系统或环节的幅频特性与相频特性有唯一的对应关系，所以在 ω 从 $0\rightarrow\infty$ 时，根据幅频特性曲线就可唯一确定其相频特性曲线，因此根据最小相位系统的开环对数幅频特性，可以确定系统的开环传递函数。

系统开环传递函数的一般表达式为

$$G_{\mathrm{k}}(s)=\frac{K\prod_{j=1}^{m}(\tau_j s+1)}{s^{\nu}\prod_{i=1}^{n-\nu}(T_i s+1)}\quad n\geqslant m$$

式中　K——系统的开环放大系数；

　　　ν——积分环节的个数；

　　　τ_j、T_i——时间常数。

根据开环对数幅频特性曲线确定传递函数,首先确定开环放大系数 K,再根据斜率变化和交接频率确定 ν、τ_j、T_i。

根据积分环节的个数 ν 不同,分别确定系统的开环放大系数 K。

1. 0 型系统($\nu=0$)

系统开环对数幅频特性曲线的低频段是一条幅值为 $20\lg K$ 的水平线,设其高度为 x,如图 4-33 所示。

$$L(\omega)=20\lg K=x$$

得

$$K=10^{\frac{x}{20}}$$

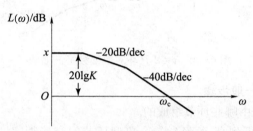

图 4-33　$\nu=0$ 开环对数幅频特性曲线

2. Ⅰ型系统($\nu=1$)

系统开环对数幅频特性曲线的低频段的斜率为 $-20\mathrm{dB/dec}$,它(或延长线)与横轴的交点频率为 ω_0,如图 4-34 所示。当 $\omega=1$ 时,$L(\omega)=20\lg K$。

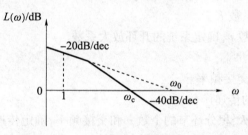

图 4-34　$\nu=1$ 开环对数幅频特性曲线

可以证明 $K=\omega_0$

因为

$$\frac{20\lg K}{\lg 1-\lg\omega_0}=-20$$

所以

$$K=\omega_0$$

3. Ⅱ型系统($\nu=2$)

系统开环对数幅频特性曲线的低频段的斜率为 $-40\mathrm{dB/dec}$,它(或延长线)与横轴的交点频率为 ω_0,如图 4-35 所示。当 $\omega=1$ 时,$L(\omega)=20\lg K$。

可以证明

$$K=\omega_0^2$$

因为

$$\frac{20\lg K}{\lg 1 - \lg \omega_0} = -40$$

所以

$$K = \omega_0^2$$

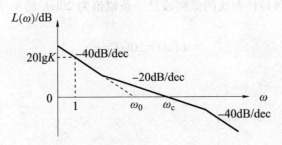

图4-35 $\nu = 2$ 开环对数幅频特性曲线

4. 确定传递函数的一般步骤

(1)确定开环系统是由哪些环节组成的。

从低频段开始，ω 从低到高，每经过一个典型环节的交接频率，对数幅频特性曲线斜率就改变一次。

若斜率变化-20dB/dec，存在惯性环节。

若斜率变化+20dB/dec，存在一阶微分环节。

若斜率变化-40dB/dec，存在振荡环节。

(2)计算开环放大系数 K。

根据积分环节的个数 ν，确定系统的开环放大系数。

(3)求出交接频率。

根据斜率变化求出交接频率。

(4)写出开环系统的传递函数。

根据开环放大系数 K、积分环节的个数 ν 和交接频率，确定传递函数。

例4-6 某最小相位系统，其开环对数幅频特性如图4-36所示。试写出该系统的开环传递函数。

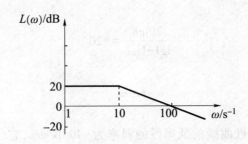

图4-36 例4-6系统开环对数幅频特性曲线

解 (1)由图4-36可知，$G(s)$ 是由比例和惯性环节组成。

(2)求 K：由 $L(\omega) = 20\lg K = 20$，得 $K = 10$。

（3）交接频率：$\omega_1 = 10$。

（4）开环传递函数：

$$G(s) = \frac{10}{0.1s+1}$$

例 4-7 已知最小相位系统的开环近似对数幅频特性曲线如图 4-37 所示，试求系统开环近似传递函数 $G(s)$。

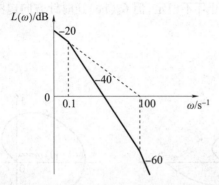

图 4-37　例 4-7 系统开环对数幅频特性曲线

解 （1）由图 4-37 可知，$G(s)$ 是由比例、积分、两个惯性环节组成。

（2）求 K：$K = 100$。

（3）交接频率：$\omega_1 = 0.1$，$\omega_2 = 100$。

（4）开环传递函数

$$G(s) = \frac{100}{s(10s+1)(0.01s+1)}$$

模块四　系统稳定性的频域判据

在频域中只需根据系统的开环频率特性曲线（奈奎斯特图或伯德图）就可以分析、判断闭环系统的稳定性，并且还可得到系统的稳定裕量。

一、奈奎斯特（Nyquist）稳定性判据

奈奎斯特稳定性判据是根据系统开环幅相频率特性曲线来判断闭环系统的稳定性。

（1）当 ω 由 $0 \to \infty$ 变化时，若系统开环幅相频率特性曲线 $G_K(j\omega)$ 包围 $(-1, j0)$ 点的圈数为 N（逆时针方向包围时，N 为正；顺时针方向包围时，N 为负），以及系统开环传递函数的右极点个数为 p。

若 $N = \dfrac{p}{2}$，则闭环系统稳定；否则闭环系统不稳定。

例 4-8 已知系统开环的幅相频率特性曲线如图 4-38 所示，试分别判断它们闭环系统的稳定性。

解 在图 4-38（a）中，因 $p = 0$，开环稳定，而 $G_k(j\omega)$ 曲线未包围 $(-1, j0)$ 点，$N = 0 = \dfrac{p}{2}$，所以系统稳定。

在图4-38(b)中，$p=0$，开环稳定，而$G_k(j\omega)$顺时针方向包围了$(-1,j0)$点，$N=-1\neq\dfrac{p}{2}$，所以系统不稳定。

在图4-38(c)中，$p=2$，开环不稳定，但$G_k(j\omega)$逆时针方向包围了$(-1,j0)$点一圈，即$N=1=\dfrac{p}{2}$，所以系统稳定。

在图4-38(d)中，$p=1$，开环不稳定，但$G_k(j\omega)$逆时针方向包围了$(-1,j0)$点半圈，即$N=\dfrac{1}{2}=\dfrac{p}{2}$，所以系统稳定。

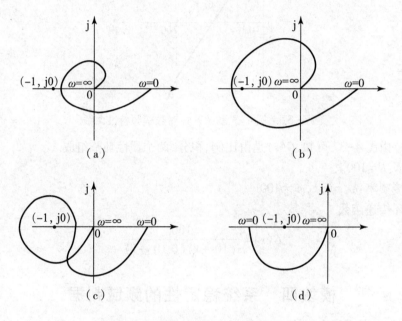

图4-38　例4-8的开环奈奎斯特图
(a)　$p=0,v=0$；(b)$p=0,v=0$；(c)$p=2,v=0$；(d)$p=1,v=0$

(2)当系统开环幅相频率特性曲线形状比较复杂时，$G_k(j\omega)$包围$(-1,j0)$点的圈数不易找准时(如图4-38(c)所示)，为了快速、准确地判断闭环系统的稳定性，引入"穿越"的概念。$G_k(j\omega)$曲线穿过$(-1,j0)$点以左的负实轴时，称为穿越。若$G_k(j\omega)$曲线由上而下穿过$(-1,j0)$点以左的负实轴时，称为正穿越(相位增加)；若$G_K(j\omega)$曲线由下而上穿过$(-1,j0)$点以左的负实轴时，称为负穿越(相位减少)。在ω由$0\to\infty$时变化时，若$G_K(j\omega)$曲线在ω增加时，是从$(-1,j0)$点以左的负实轴上某一点开始往上(或往下)变化，则称为半次负(或正)穿越，图4-38(d)所示为半次正穿越。

设正穿越的次数以符号N_+表示，负穿越的次数以符号N_-表示，则

$$N=N_+-N_-=\frac{p}{2}$$

在ω由$0\to\infty$变化时，开环幅相频率特性曲线$G_K(j\omega)$对$(-1,j0)$点以左的负实轴，若正、负穿越次数之差$N=\dfrac{p}{2}$(p为开环的不稳根数目)，则闭环系统稳定；否则闭环系统不稳定。

例4-9　已知系统开环的幅相频率特性曲线如图4-38所示,试分别判断它们闭环系统的稳定性。

解　在图4-38(a)中,因 $p=0$,开环稳定,$G_K(j\omega)$ 曲线无正、负穿越,$N_+=0,N_-=0,N_+$
$-N_-=0=\dfrac{p}{2}(p=0)$,所以系统稳定。

在图4-38(b)中,$p=0$,开环稳定,从 $(-1,j0)$ 点左边的负实轴上看,$G_K(j\omega)$ 有负穿越,
$N_-=1,N_+=0$,故 $N_+-N_-=0-1=-1\neq\dfrac{p}{2}=0$,系统不稳定。

在图4-38(c)中,$p=2$,开环不稳定,从 $G_K(j\omega)$ 曲线对 $(-1,j0)$ 点之左的负实轴有一次
正穿越,即 $N_-=0,N_+=1,N_+-N_-=1-0=1=\dfrac{p}{2}(p=2)$,故系统是稳定的。

在图4-38(d)中,$p=2$,$G_K(j\omega)$ 曲线对 $(-1,j0)$ 点左边的负实轴有半次正穿越,即 $N_-=0,N_+=$
$1/2$,故 $N_+-N_-=\dfrac{1}{2}-0=\dfrac{1}{2}=\dfrac{p}{2}(p=1)$,故系统是稳定的。

二、对数频率稳定性判据

对数频率稳定性判据实质为奈奎斯特稳定性判据在系统的开环伯德图上的反映,因为系统开环频率特性 $G_k(j\omega)$ 的奈奎斯特图与伯德图之间有一定的对应关系,如表4-5所示。

表4-5　开环频系特性在奈奎斯特图上与伯德图上的对应关系

	内　容	奈奎斯特图	伯德图
1	$G_k(j\omega)=1$	单位圆	$L(\omega)=0dB$,水平的0dB线
2	$G_k(j\omega)<1$	单位圆内的部分	$L(\omega)<0dB$,0dB线以下的部分
3	$G_k(j\omega)>1$	单位圆外的部分	$L(\omega)>0dB$,0dB线以上的部分
4	$G_k(j\omega)=-180°$	在负实轴上	$\varphi(\omega)=-180°$,是$-180°$的水平线

奈奎斯特图与伯德图上的正、负穿越如图4-39(a)、图4-39(b)所示。

在系统的开环对数频率特性曲线上,对数频率稳定性判据:当 ω 由 $0\to\infty$ 变化时,在系统开环对数幅频曲线 $L(\omega)>0dB$ 的所有频段内,相频曲线 $\varphi(\omega)$ 对 $-180°$ 线的正穿越与负穿越次数之差为 $\dfrac{p}{2}$(p 为开环不稳根数目)时,闭环系统稳定;否则系统不稳定。

用数学式表示为

$$N_+-N_-=\frac{p}{2} \tag{4-15}$$

式中　p——开环不稳根数目。

系统满足式(4-15),闭环是稳定的;否则闭环系统不稳定。
其中的 N_+、N_- 分别为正穿越次数和负穿越次数。

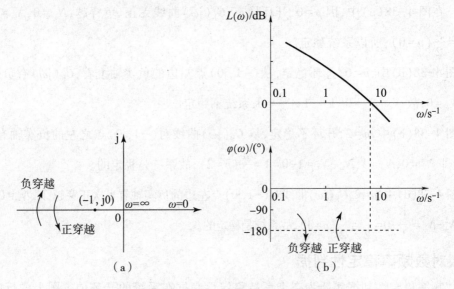

图4-39　开环频率特性在奈奎斯特图与
伯德图上正、负穿越的对应关系

三、稳定裕量

工程上对一个控制系统不仅要求稳定,还希望它具有足够的稳定裕量,可以比较不同控制系统之间的相对稳定性。

系统开环幅频特性 $A(\omega)=1$ 时的频率 ω_c 称为剪切频率、截止频率、幅值交接频率。

$$A(\omega) \mid_{\omega=\omega_c} = 1$$

系统开环相频特性 $\varphi(\omega)=-180°$ 时的频率 ω_g 称为相位交接频率。

$$\varphi(\omega) \mid_{\omega=\omega_g} = -180°$$

表示系统稳定裕量的指标有两个,即幅值裕量和相位裕量。

1. 幅值裕量

定义:系统开环幅频值 $A(\omega_g)$ 的倒数,称为幅值裕量,即

$$K_g = \frac{1}{A(\omega_g)} \qquad (4-16)$$

或

$$20 \lg K_g = -20 \lg A(\omega_g) = -L(\omega_g)$$

因此,若 $A(\omega_g)<1$,则 $K_g>1$,或者在伯德图上因为 $20\lg A(\omega_g)<0$dB,所以 $20\lg K_g>0$dB,即位于0dB线以下的 $20\lg K_g$ 对应了正的幅值裕量;若 $A(\omega_g)>1$,则 $K_g<1$,或者在伯德图上这时 $20\lg A(\omega_g)>0$dB,使 $20\lg K_g<0$dB,即位于0dB线以上的 $20\lg K_g$,反而对应了负的幅值裕量,如图4-40所示。

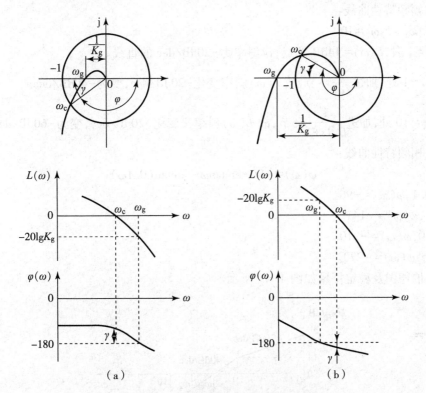

图 4-40　系统的幅值裕量和相位裕量

（a）系统稳定；（b）系统不稳定

2. 相位裕量

定义：开环相频值 $\varphi(\omega_c)$ 与 $-180°$ 线的差值称为相位裕量，即

$$\gamma = 180° + \varphi(\omega_c) \tag{4-17}$$

当 $\varphi(\omega_c)$ 尚未滞后到 $-180°$ 时，γ 为正。在伯德图上，这时的 γ 位于 $-180°$ 线上方；当 $\varphi(\omega_c)$ 滞后超过了 $-180°$ 时，γ 为负，这时伯德图上的 γ 位于 $-180°$ 线下方，如图 4-40 所示。

系统稳定时，幅值裕量和相位裕量都为正时，对应的伯德图上 $20\lg K_g$ 与 γ 正好位于 0dB 线与 $-180°$ 线之间；系统不稳定时，幅值裕量和相位裕量都为负，即 $20\lg K_g$ 在 0dB 线以上，而 γ 在 $-180°$ 线以下。

对于稳定的系统，两稳定裕量指标的值越大，其相对稳定性越好；而对于不稳定系统，该两指标的绝对值越大，则表示了系统越不稳定。

工程实践中一般要求相位裕量在 $30° \sim 60°$ 之间，幅值裕量 $20\lg K_g > 6\mathrm{dB}$。

例 4-10　已知单位反馈系统的开环传递函数 $G(s) = \dfrac{5}{s(s+1)(0.1s+1)}$，绘制其开环对数频率特性曲线，判断闭环系统的稳定性，并求稳定系统的稳定裕量。

解　（1）绘制开环对数频率特性曲线。

它是由比例环节、积分环节和两个惯性环节组成的。

频率特性为

$$G(\mathrm{j}\omega) = \frac{5}{\mathrm{j}\omega(\mathrm{j}\omega+1)(\mathrm{j}0.1\omega+1)}$$

对数幅频特性曲线：

$K=5, \omega_1=1, \omega_2=10$

过 $\omega=1$ 时，$L(\omega)=14\mathrm{dB}$ 的点，作斜率为 $-20\mathrm{dB/dec}$ 的直线。

在 $\omega_1=1$ 处，加进 $\dfrac{1}{s+1}$ 环节，故 $L(\omega)$ 斜率变化 $-20\mathrm{dB/dec}$，变为 $-40\mathrm{dB/dec}$。

在 $\omega_2=10$ 处，加进 $\dfrac{1}{0.1s+1}$ 环节，故 $L(\omega)$ 斜率又变化 $-20\mathrm{dB/dec}$，变为 $-60\mathrm{dB/dec}$。

对数相频特性曲线：

$$\varphi(\omega) = -90 - \arctan\omega - \arctan(0.1\omega)$$

$\omega=0.1, \varphi(\omega)=-96$。

$\omega=1, \varphi(\omega)=-141$。

$\omega=10, \varphi(\omega)=-210$。

$\omega=\infty, \varphi(\omega)=-270$。

系统伯德图及稳定裕量如图 4-41 所示。

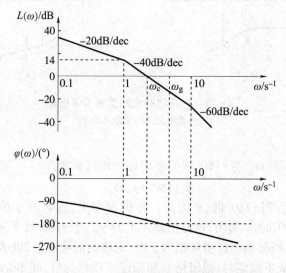

图 4-41　例 4-10 题系统伯德图及稳定裕量

（2）判断闭环系统的稳定性。

$p=0$，开环系统稳定。

由图 4-41 可知，没有穿越，$N=0$。

根据对数频率稳定性判据，$N=\dfrac{p}{2}$，可知系统稳定。

（3）稳定裕量。

由 $A(\omega_c)=\dfrac{5}{\omega_c^2}=1$

得 $\omega_c=2.24$

相位裕量：根据公式

$$\gamma = 180 + \varphi(\omega_c)$$
$$= 180 - 90 - \arctan\omega_c - \arctan(0.1\omega_c)$$
$$= 11.5$$

由 $\varphi(\omega_g) = -90 - \arctan\omega_g - \arctan(0.1\omega_g) = -180$

得 $\omega_g = 3.16$

根据公式 $20\lg K_g = 6\text{dB}$

例 4-11 已知单位反馈系统的开环传递函数 $G(s) = \dfrac{5}{s(s+1)(0.1s+1)}$，绘制其开环幅相频率特性曲线，判断闭环系统的稳定性，并求稳定系统的幅值裕量。

解 频率特性

$$G(j\omega) = \frac{5}{j\omega(j\omega+1)(j0.1\omega+1)}$$
$$= \frac{-5.5 - j5(1 - 0.1\omega^2)}{\omega(1+\omega^2)(1+0.01\omega^2)}$$

实频特性为

$$P(\omega) = \frac{-5.5}{(1+\omega^2)(1+0.01\omega^2)}$$

虚频特性为

$$Q(\omega) = \frac{-5(1-0.1\omega^2)}{\omega(1+\omega^2)(1+0.01\omega^2)}$$

令 $Q(\omega) = 0$，得 $\omega_g = \sqrt{10} = 3.16$

将 $\omega_g = \sqrt{10}$ 代入 $P(\omega)$，得 $P(\omega) = -\dfrac{5}{11}$。

幅值裕量 $K_g = \dfrac{11}{5}$。

系统奈奎斯特图及幅值裕量如图 4-42 所示。

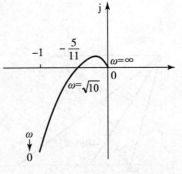

图 4-42 例 4-11 题系统
奈奎斯特图及幅值裕量

模块五 系统开环频率特性与系统性能的关系

根据系统的开环频率特性分析闭环系统的性能时，通常将开环频率特性曲线分成低频段、中频段和高频段三个频段，如图 4-43 所示。

一、三频段的概念

开环对数频率特性曲线 $L(\omega)$ 在第一个交接频率 ω_1 以前的区段称为低频段，截止频率 ω_c 附近的区段称为中频段，中频段以后的区段称为高频段。

1. 低频段

低频段通常是指开环对数频率特性曲线 $L(\omega)$ 在第一个交接频率 ω_1 以前的区段。它反映了频率特性与稳态误差的关系。这一段特性完全由系统开环传递函数中的积分环节的个数 ν 和开环放大系数 K 决定。

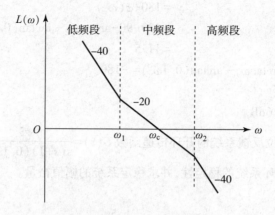

图4-43　系统开环频率特性

低频段的传递函数为

$$G(s) = \frac{K}{s^{\nu}}$$

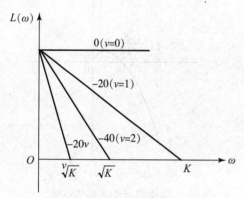

图4-44　低频段对数幅频特性曲线

其中，积分环节的个数 ν 决定了这一段的斜率为 $-\nu 20\text{dB/dec}$；开环增益 K 决定了它的位置。当 $\omega \to 0$ 时，$G(j\omega) = \dfrac{K}{(j\omega)^{\nu}}$。

低频段的开环对数幅频特性为

$$L(\omega) = 20\lg A(\omega) = 20\lg \frac{K}{\omega^{\nu}} = 20\lg K - \nu 20\lg \omega$$

当 $L(\omega) = 0$

$$20\lg K - \nu 20\lg \omega = 0$$

$$K = \omega^{\nu} \text{ 或 } \omega = \sqrt[\nu]{K}。$$

由图4-44可知，对数幅频特性曲线的位置越高，开环放大系数 K 越大。低频段的斜率越负，积分环节数越多，系统准确性越好。

2. 中频段

中频段通常是指开环对数频率特性曲线 $L(\omega)$ 在截止频率 ω_c 附近的区段，它反映了系统动态响应的稳定性和快速性。

下面以最小相位系统为例讨论。对于这类系统，由于其幅频特性和相频特性有明确的对应关系，因此仅通过幅频特性即可分析系统的性能。中频段的幅频特性曲线斜率对系统的稳定性和快速性有很大的影响。从两种极端的情况加以说明。

（1）中频段幅频特性曲线斜率为 -20dB/dec，而且所占的频率区间较宽。如图4-45（a）所示。在这种情况下，可近似地把整个系统的开环对数频率特性曲线看作斜率为 -20dB/dec 的一条直线。那么系统的开环传递函数可看成

$$G(s) \approx \frac{K}{s} = \frac{\omega_c}{s}$$

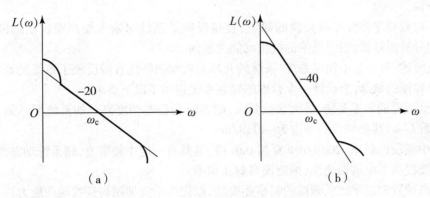

图 4-45　中频段对数幅频特性曲线

对于单位反馈系统,闭环传递函数为

$$\Phi(s) = \frac{\omega_c}{\omega_c + s} = \frac{1}{\dfrac{s}{\omega_c} + 1}$$

由闭环传递函数可知,相当于一阶系统,其阶跃响应按指数规律变化,无振荡,具有较高的稳定程度。

调节时间为

$$t_s = \frac{3}{\omega_c}$$

在一定条件下,ω_c 越高,t_s 越小,系统快速性越好。

(2)中频段幅频特性曲线斜率为 -40dB/dec,而且所占的频率区间较宽。如图 4-45(b)所示,在这种情况下,可近似地把整个系统的开环对数频率特性曲线看作斜率为 -40dB/dec 的一条直线。那么系统的开环传递函数可看成

$$G(s) \approx \frac{K}{s^2} = \frac{\omega_c^2}{s^2}$$

对于单位反馈系统,闭环传递函数为

$$\Phi(s) = \frac{\omega_c^2}{s^2 + \omega_c^2}$$

相当于无阻尼二阶系统,系统处于临界稳定状态。若中频段幅频特性曲线斜率为 -40dB/dec,所占的频率区间不宜较宽;否则,$\sigma\%$ 和 t_s 将显著增加。

因此,中频段的截止频率 ω_c 应适当大一些,以提高系统的响应速度,且曲线斜率以 -20dB/dec 为好,而且要有一定频率宽度,保证系统具有足够的相位裕量,使系统具有较好的稳定性。

3. 高频段

高频段通常是指开环对数频率特性曲线 $L(\omega)$ 离截止频率 ω_c 较远的区段。它反映了系统抗干扰的能力。这部分的频率特性是由小时间常数的环节决定的。由于远离 ω_c,分贝值又低,对系统的动态响应影响不大。

由于高频段的开环幅频一般比较低,$L(\omega) \ll 0$,即 $A(\omega) \ll 1$,因此闭环频率特性接近开

环频率特性。

开环对数频率特性在高频段的幅值,直接反映了系统对输入端高频扰动的抑制能力。高频段的分贝值越低,表明系统的抗扰动能力越强。

综上所述,对于最小相位系统,系统的开环对数幅频特性直接反映了系统的动态和稳态性能。三频段的概念,为设计一个合理的控制系统提出了以下要求:

(1)低频段的斜率要陡,放大系数要大,则系统的稳态精度高。如系统要达到二阶无稳态误差,则 $L(\omega)$ 线低频段斜率应为-40dB/dec。

(2)中频段以斜率-20dB/dec 穿越 0dB 线,且具有一定中频带宽,则系统动态性能好。

(3)要提高系统的快速性,则应提高截止频率 ω_c。

(4)高频段的斜率比低频段的斜率还要陡,以提高系统抑制高频扰动的能力。

表 4-6 说明了开环频域响应性能指标与时域阶跃响应性能指标间的对应关系。

表 4-6　开环频率响应性能指标与时域阶跃响应性能指标间的对应关系

系统性能	准确性	相对稳定性	快速性（响应速度）	对高频干扰的滤波性能
开环系统频率特性	低频段	中频段		高频段
	对数幅频 $L(\omega)$ 的斜率 $[\nu(-20)]$ dB/dec 与高度 $L(1)=20\lg K_g$/dB 值	幅值裕度 $20\lg K_g$/dB 相位裕度 $\gamma/(°)$	截止频率 ω_c	对数幅频值负分贝数的情况
系统时域给定值阶跃扰动响应	最终稳态	过渡过程		响应的初始阶段
	稳态误差 e_{ssr}	超调量 $\sigma\%$	调节时间 t_s 峰值时间 t_p	系统中一些时间常数很小的环节在起作用

二、典型系统

1. 典型 0 型系统

典型 0 型系统的传递函数为

$$G_k(s)=\frac{K}{Ts+1}$$

0 型系统有稳态误差,通常为了保证稳定性和一定的稳态精度,自动控制系统常用的是典型 I 型系统和典型 II 型系统。

2. 典型 I 型系统

传递函数为

$$G_k(s)=\frac{K}{s(Ts+1)}$$

典型Ⅰ型系统的伯德图如图4-46所示。$\omega_c = K$，为了保证对数幅频特性曲线以

-20dB/dec的斜率穿越0dB线，必须使$\omega_c < \dfrac{1}{T}$。

3. 典型Ⅱ型系统

传递函数为

$$G_k(s) = \frac{K(\tau s + 1)}{s^2(Ts + 1)}$$

典型Ⅱ型系统的伯德图如图4-47所示。为了保证对数幅频特性曲线以-20dB/dec的

斜率穿越0dB线，必须使$\omega_1 = \dfrac{1}{\tau} < \omega_c < \omega_2 = \dfrac{1}{T}$。

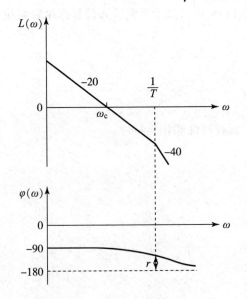

图4-46　典型Ⅰ型系统的伯德图

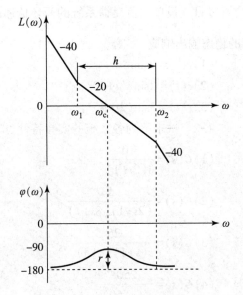

图4-47　典型Ⅱ型系统的伯德图

知识梳理

频域法是经典控制理论中分析和设计系统的重要方法。

（1）频率特性定义为：线性定常系统在正弦输入信号作用下，输出的稳态分量与输入量的复数比。

（2）熟悉自动控制系统常用典型环节的频率特性及其奈奎斯特图与伯德图的画法、特点及图上的特殊点。

（3）开环频率特性的奈奎斯特图与伯德图的画法及其规律，由最小相位系统的近似对数幅频曲线写出其相应的传递函数。

传递函数中含有右极点、右零点的系统或环节，称为非最小相位系统（或环节）；而传递函数中没有右极点、右零点的系统或环节，称为最小相位系统（或环节）。

（4）奈奎斯特稳定性判据判断闭环系统的稳定性。

稳定裕量有两个指标，幅值裕量和相位裕量的定义、计算，以及在奈奎斯特图、伯德图上

的表示方法。

（5）系统开环频率特性与系统性能的关系。

三频段概念：

①低频段的斜率要陡，低频段斜率应为-40dB/dec。

②中频段以斜率-20dB/dec 穿越 0dB 线，且具有一定中频宽度。

③高频段的斜率要比低频段的斜率还要陡。

思考题与习题

4-1　设单位负反馈系统的开环传递函数为 $G_k(s) = \dfrac{2}{s+1}$，试求下列输入信号作用时系统的稳态输出响应。

（1）$r(t) = 2\sin t$

（2）$r(t) = 2\sin(3t+30°)$

（3）$r(t) = 3\sin(2t+45°)$

4-2　试求下列各系统的实频特性、虚频特性、幅频特性和相频特性。

（1）$G(s) = \dfrac{10}{s(2s+1)}$

（2）$G(s) = \dfrac{5}{(2s+1)(8s+1)}$

（3）$G(s) = \dfrac{25}{s(s+1)(s+5)}$

（4）$G(s) = \dfrac{250}{s^2(s+50)}$

4-3　已知单位负反馈系统的开环传环递函数：

（1）$G_k(s) = \dfrac{10}{(2s+1)(8s+1)}$

（2）$G_k(s) = \dfrac{20}{s(0.5s+1)}$

（3）$G_k(s) = \dfrac{10}{0.5s+1}$

（4）$G_k(s) = \dfrac{10}{(s+1)(s+2)}$

试绘制其开环奈奎斯特图。

4-4　已知单位负反馈系统的开环传递函数：

（1）$G_k(s) = \dfrac{10}{(s+1)(s+2)}$

（2）$G_k(s) = \dfrac{10(0.5s+1)}{s(s+1)(0.05s+1)}$

$(3) G_k(s) = \dfrac{10(0.5s+1)}{s(2s+1)}$

试绘制其伯德图。

4-5　已知最小相位系统的开环对数幅频特性曲线如图 4-48 所示,试求系统开环传递函数 $G_k(s)$。

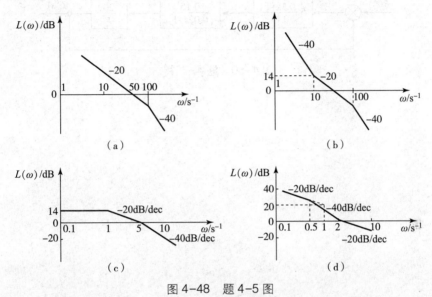

图 4-48　题 4-5 图

4-6　已知系统开环幅相特性曲线如图 4-49 所示,试判别系统稳定性。其中 p 为开环传递函数的右极点数,ν 为开环的积分环节个数。

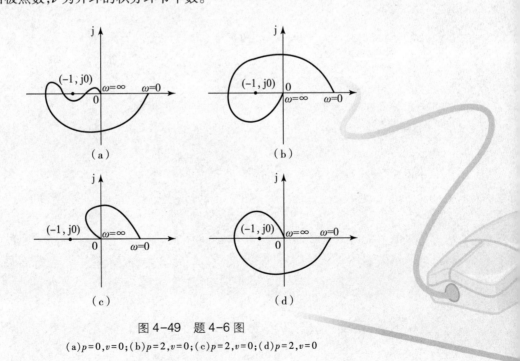

图 4-49　题 4-6 图

(a)$p=0,\nu=0$;(b)$p=2,\nu=0$;(c)$p=2,\nu=0$;(d)$p=2,\nu=0$

4-7 已知系统的结构图如图4-50所示,试绘制系统开环伯德图,并判断其稳定性。

4-8 已知系统开环传递函数 $G_k(s) = \dfrac{3.5}{s(0.05s+1)(0.2s+1)}$,试绘制系统开环伯德图,并判断其稳定性,并在伯德图上表示出相位裕度 γ 和幅值裕度 $20\lg K_g$。

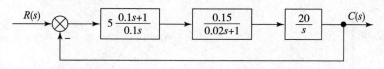

图4-50 题4-7图

第5单元

简单控制系统

❖ **素质目标**

1. 培养学生根据需要查阅、搜索、获取新信息、新知识的能力,以及正确评价信息的能力。

2. 培养学生勇于创新,不断进取的精神。

3. 培养学生的沟通能力和团队协作精神。

❖ **知识目标**

1. 熟练掌握被控量与操作量的选择。

2. 熟练掌握控制阀气开或气关型式的选择。

3. 掌握控制阀流量特性的选择。

4. 熟练掌握比例(P)、比例积分(PI)、比例微分(PD)、比例积分微分(PID)控制规律。

5. 掌握各种控制规律控制质量的比较与选用原则。

6. 掌握简单控制系统的工程整定与投运。

❖ **能力目标**

1. 会选择被控量与操纵量。

2. 会选择控制阀的气开或气关的形式和调节阀流量特性。

3. 会选择控制器的正、反作用以及控制器的控制规律。

4. 会分析简单控制系统。

在实际工程应用中,大部分控制系统是简单控制系统。

模块一　简单控制系统的组成

简单控制系统也常称为单回路控制系统,是指由一个被控对象、一个检测变送装置(检测变送器)、一个控制装置(控制器)和一个执行装置(执行器)所组成的负反馈控制系统,是所有反馈控制系统中最简单、最基本、应用最广泛的一种控制系统。在实际工程应用中,大部分系统是单回路控制系统,解决了大量工业生产中的过程控制问题。图5-1所示为简单控制系统的原理框图。

为了便于更直观地表示控制系统,工程上常采用过程控制系统的流程图,如图5-2所示。

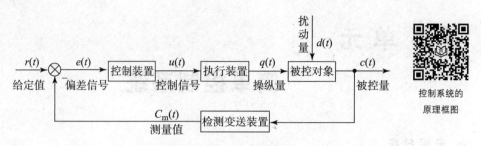

图 5-1　简单控制系统的原理框图

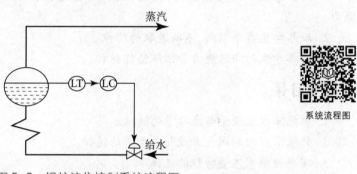

图 5-2　锅炉液位控制系统流程图

在过程控制系统的流程图中，(LT)、(LC)称为仪表圈。仪表圈内第一个英文字母表示被控量是什么参数，T—温度，P—压力，F—流量，L—液位，A—成分。仪表圈内第二个英文字母表示它具有的什么功能，T—变送，C—控制，R—记录。

模块二　被控量与操纵量的选择

一、被控量的选择

控制系统的被控量是对工艺安全生产、产品的质量或产量等方面起决定作用的关键性工艺参数。若选择不当，就不能达到预期的控制效果。

被控量应是可以测量的，否则不能控制。因此在实际生产中通常有两种。

1. 直接参数控制

满足生产所要求的工艺控制条件，被控量一般选择可以直接测量的温度、压力、液位、流量、成分等工艺参数进行控制，称为直接参数控制。

例如，锅炉液位是影响锅炉安全运行的关键参数，液位过高、过低都会引起严重的人身、设备事故，而液位是可以直接测量的，因此各种工业用锅炉都配置以锅炉液位为被控量的自动控制系统，如图 5-2 所示。

2. 间接参数控制

有时由于实践中没有可靠、准确、直接测量产品质量信号的装置，或者即使能取得信号，而测量过程的滞后又太大，这时需要寻找与直接参数有单值函数关系，反应又快，还能直接测量的参数，这就是间接参数，来进行控制。例如，工程上常在固定精馏塔压力的条件下，选择塔顶温度作为被控量,来替代对塔顶产品纯度的控制,这就是间接参数控制的一个典型实例。

此外,对单回路控制系统的被控量还要求有独立、可控性。也就是说,它不会受其他控制回路的控制作用影响;否则,控制系统将无法投运和正常工作。

总之,选择被控量的一般原则如下:

(1)被控量应能代表一定的工艺操作指标或能反映工艺操作状态,一般都是工艺过程中比较重要的参数。

(2)被控量应能直接测量,并最好尽量是生产所要求控制的直接参数。

(3)当无法获得直接参数时,或其测量和变送信号滞后很大时,可选择与直接参数有单值对应关系的间接参数作为被控量。

(4)被控量应能被测量出来,并具有足够大的灵敏度。

(5)选择被控量应考虑工艺上的合理性和国内外仪表产品现状。

(6)单回路控制系统的被控量还应是独立、可控的。

二、操纵量的选择

在过程控制系统中,操纵量是指通过自动控制阀的某种介质流量。通过改变操纵量实现控制系统对被控对象的控制作用,来克服各种扰动对被控量偏离给定值的不利影响,使被控量回到给定值。

为了更好地理解操纵量的选择原则,下面介绍一下被控对象的特性。

被控对象的特性是指在对象的某一输入量作用下,其输出量随时间变化的特性。

被控对象的特性由两个通道来描述,即控制通道和扰动通道。可以通过对象的特性参数来反映被控对象的特性。

图 5-3 是一个简单控制系统动态结构图,其中 $H_m(s)$、$G_c(s)$、$G_v(s)$ 分别为检测变送装置、控制装置、执行装置的传递函数。

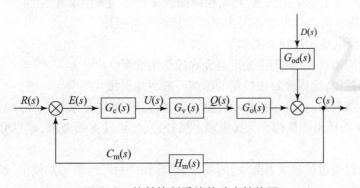

图 5-3 简单控制系统的动态结构图

被控对象的输出量是系统的输出,即被控量 $c(t)$。输入量有两个,即操纵量 $q(t)$ 和扰动量 $d(t)$。把操纵量 $q(t)$ 至被控量 $c(t)$ 之间的通道称为对象的控制通道,把扰动量 $d(t)$ 至被控量 $c(t)$ 的通道称为对象的扰动通道。$G_o(s)$ 和 $G_{od}(s)$ 分别是被控对象的控制通道和扰动通道的传递函数。

下面分析一下对象的特性参数对控制质量的影响。

1. 放大系数 K 对系统的影响

在控制通道中,放大系数越大,操纵量的变化对被控量的影响就越大,控制作用对扰动的补偿能力强,有利于克服扰动的影响,稳态误差就越小;反之,放大系数小,控制作用的影响不显著,被控量变化缓慢。因此放大系数要大一些,但放大系数过大,会使控制作用对被控量的影响过强,使系统稳定性下降。

在扰动通道中,当扰动频繁出现且幅度较大时,放大系数大,被控量的波动就会很大,使得最大偏差增大。而放大系数小,即使扰动较大,对被控量仍然不会产生多大影响。

2. 时间常数 T 对系统的影响

在控制通道中,在相同的控制作用下,时间常数大,被控量的变化比较缓慢,此时过渡过程比较平稳,容易进行控制,但过渡过程时间较长。若时间常数小,则被控量的变化速度快,控制过渡过程比较灵敏,不易控制。时间常数太大或太小,对控制都不利。因此时间常数要适当小一些。

对于扰动通道,时间常数大,扰动作用比较平缓,被控量的变化比较平稳,过渡过程较易控制。

3. 滞后时间 τ 对系统的影响

在控制通道中由于存在滞后,控制作用落后于被控量的变化,从而使被控量的偏差增大,控制质量下降。滞后时间越长,控制质量越差。因此滞后时间应尽量小,最好没有。

对于扰动通道,如果存在纯滞后,相当于扰动延迟了一段时间才进入系统,而扰动在什么时间出现,本来就是无从预知的,因此,并不影响控制系统的控制质量。扰动通道中存在容量滞后,可使阶跃扰动的影响趋于缓和,对控制系统是有利的。

因此选定了操纵量,就选定了自动控制阀的位置,也就确定了被控对象的控制通道特性。由此可知,为获得好的控制效果,要求被控对象的控制通道特性为:放大系数要大一些,时间常数和容积滞后要适当小一些,纯滞后时间应尽量小,最好没有。在图 5-2 所示的锅炉液位控制系统中,给水量是操纵量,自动控制阀就设置在锅炉给水管线上。

此外,还应注意所选操纵量在工艺上的合理性和可行性。

综上所述,操纵量的选择原则如下:

(1)操纵量应是可控的,即工艺上是允许控制的变量。

(2)与扰动相比,操纵量对被控量的影响一般更加灵敏。

(3)在选择操纵量时,除了从自动控制方面考虑外,还要考虑工艺的合理性和生产的经济性。一般不宜选择生产负荷作为操纵量。另外,从经济性方面考虑,应尽可能地降低物料与能量的消耗。

(4)对象控制通道的放大系数大,时间常数、容积滞后及纯滞后都较小,控制效果就好。

模块三　执行器的选择

执行器又称控制阀,在工业生产中,按其使用能源的不同可分为气动执行器、液动执行器和电动执行器 3 大类,尤其以气动执行器应用最为广泛。

气动执行器结构简单、动作可靠、安装维修方便、价格低廉、防火防爆,并能方便地与气动、电动仪表配套使用,在工业生产过程控制系统中得到广泛应用。

执行器接收控制器所发出的控制信号 $u(t)$,并通过操纵量 $q(t)$ 具体实施对被控对象的控制作用。

一、气动执行器的结构与分类

气动执行器主要由执行机构与调节机构两大部分组成。图 5-4 是一种常用气动执行器的示意图。气压信号由上部引入,作用在薄膜 1 上,推动阀杆 3 产生位移,改变了阀芯 4 与阀座 6 之间的流通面积,从而达到了控制流量的目的,图 5-4 中 5 为阀体,上半部为执行机构,下半部为调节机构。

气动执行器的
结构和分类

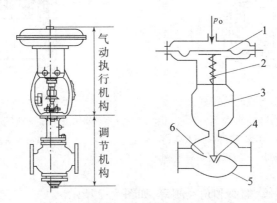

图 5-4　气动薄膜执行器结构示意图
1—薄膜;2—平衡弹簧;3—阀杆;4—阀芯;5—阀体;6—阀座

气动执行器有时还配备一定的辅助装置,常用的有阀门定位器和手轮机构。阀门定位器可以使阀门位置按控制器送来的信号准确定位。手轮机构的作用是当控制系统因停电、停气,控制器无输出或执行机构失灵时,利用它可以直接操纵控制阀,以维持生产正常进行。

1. 气动执行机构

气动执行机构主要分为薄膜式和活塞式两种,如图 5-5 和图 5-6 所示。其中薄膜式执行机构最为常用,它可以用作一般控制阀的推动装置,组成气动薄膜式执行器,习惯上称为气动薄膜调节阀。它的结构简单,价格便宜,维修方便,应用广泛。

气动活塞式执行机构的推力较大,主要适用于大口径、高压降控制阀或蝶阀的推动装置。

气动薄膜式执行机构有正作用和反作用两种形式。当来自控制器或阀门定位器的信号压力增大时,阀杆向下动作的执行机构叫正作用执行机构;当信号压力增大时,阀杆向上动作的执行机构叫反作用执行机构。

根据有无弹簧执行机构可分为有弹簧及无弹簧两种。有弹簧的薄膜式执行机构最为常用,无弹簧的薄膜式执行机构常用于双位式控制。

2. 调节机构

调节机构即调节阀,主要由阀杆、阀座、阀芯、阀体等部件组成,实际上是一个局部阻力可以改变的节流元件。阀门通过阀杆上部与执行机构相连,下部与阀芯相连。由于阀芯在阀体内移动,改变了阀芯与阀座之间的流通面积,被控介质的流量也就相应地改变,从而达到控制工艺参数的目的。根据不同的使用要求,调节阀的结构形式很多,有直通单座阀、直

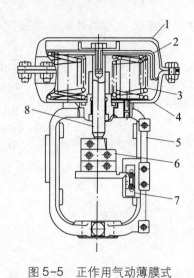

图 5-5　正作用气动薄膜式
执行机构结构原理
1—上膜盖；2—膜片；3—压缩弹簧；4—下膜盖；
5—支架；6—连接阀杆螺母；7—行程标尺；8—推杆

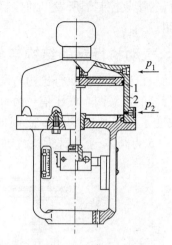

图 5-6　气动活塞式（无弹簧）
执行机构
1—活塞；2—气缸

通双座阀、隔膜阀、三通阀、蝶阀和角形阀等，如图 5-7 所示。

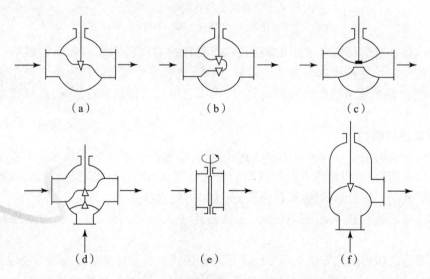

图 5-7　调节阀的主要类型示意图
(a)直通单座阀；(b)直通双座阀；(c)隔膜阀；(d)三通阀；(e)蝶阀；(f)角形阀

除以上所介绍的调节阀以外，还有一些特殊的调节阀，如小流量阀、超高压阀等。

最常用的是直通单座阀和直通双座阀。

(1)直通单座阀：直通单座阀阀体内只有一个阀芯和阀座，如图 5-7(a)所示。其特点是结构简单、泄漏量小，但是不平衡力大，因此，它适用于泄漏要求严的场合。

(2)直通双座阀：直通双座阀阀体内有两个阀芯和阀座，如图 5-7(b)所示。因为流体作用在上、下两阀芯上的不平衡力可以相互抵消，因此直通双座阀的不平衡力小。但上、下阀不易同时关闭,故泄漏量较大。直通双座阀适用于两端压差较大的泄漏量要求不高的场合,不适用于高黏度和含纤维的场合。

根据阀芯的安装方向不同,有正装与反装两种形式。当阀杆下移时,阀芯与阀座间的流通面积减小的称为正装;反之,称为反装。

3. 控制阀气开或气关的形式

气开阀在接收输入信号 $u(t)$ 后,阀门是打开的,即阀开度是加大的;气关阀在接收 $u(t)$ 信号后,阀门是关闭的,即阀开度是关小的。

控制阀气开或气关的形式

由于执行机构有正作用和反作用两种形式,调节机构又有正装与反装两种形式,因此,实现控制阀气开、气关有 4 种组合。

如图 5-8 所示,引入 $u(t)$,即 $u(t)$ 信号增加时,向下的推力增加,阀开度关小,就是气关阀,如图 5-8(a)所示。若使调节机构的阀芯反装,并位于阀座的下方,当 $u(t)$ 增加时,向下推力增加,推开反体阀,使阀开度加大,就是气开阀,如图 5-8(b)所示。执行机构部分的输入信号 $u(t)$ 从膜头下方引入,将推力平衡弹簧装在膜头上方,这时 $u(t)$ 增加时,向上的推力增加,将提起阀芯,使阀开度加大,也是气开阀,如图 5-8(c)所示。若使调节机构的阀芯反装,并位于阀座的下方,当 $u(t)$ 增加时,向上推力增加,阀开度关小,也是气关阀,如图 5-8(d)所示。

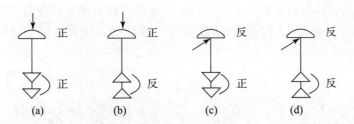

图 5-8　气开、气关阀示意图
(a)气关阀;(b)气开阀;(c)气开阀;(d)气关阀

控制阀气开、气关的选择,主要从工艺生产的安全性来考虑。当发生断电或其他事故引起信号压力中断时,控制阀的开闭状态应保证不损坏生产设备和保证操作人员的人身安全。例如,一般蒸汽加热器选用气开式控制阀,若气源中断,阀门处于全关状态,停止加热,使设备不致因温度过高而发生事故或危险。锅炉进水量控制阀则选择气关式,当气源中断时仍有水进入锅炉,不致产生烧干或爆炸事故。

从保证产品质量来考虑,当发生控制阀处于初始状态时不应降低产品的质量。如精馏塔回流量控制阀常采用气关式,一旦发生事故控制阀全开,使生产处于全回流状态,防止不合格产品送出,从而保证塔顶产品质量。

从降低原料成品消耗考虑,进料的控制阀常采用气开式,一旦控制阀失去能源即处于全关状态,不再进料以免造成浪费。

从介质特点考虑,加热蒸汽的控制阀采用气开式以保证控制阀失去能源时即处于全关状态,避免蒸汽的浪费。若介质是易凝、易结晶、易聚合的物料,控制阀宜采用气关式,以防止控制阀失去能源时阀门关闭,停止蒸汽进入而使液体结晶和凝聚。

二、控制阀流量特性

控制阀的流量特性是指流体通过阀门的相对流量与阀门的相对开度（相对位移）间的关系，即

$$\frac{Q}{Q_{\max}} = f\left(\frac{l}{L}\right) \tag{5-1}$$

式中　Q——控制阀在某开度时的流量；

　　　　$Q_{\max}$——控制阀全开时的最大流量；

　　　　l——控制阀在某开度时的行程；

　　　　L——控制阀全开时的最大行程；

　　　　f——某种函数关系。

相对流量 $Q/Q_{\max}$ 是控制阀某一开度时流量 Q 与全开时流量 $Q_{\max}$ 之比，相对开度 l/L 是控制阀某一开度行程 l 与全开行程 L 之比。

控制阀在信号 $u(t)$ 的作用下，改变了阀座与阀芯间的节流面积（即控制阀的开度），因此就改变了通过它的流量，在控制阀开度变化的同时，控制阀前、后的流体压降 Δp_v 也在变化。

1. 控制阀的理想流量特性

在不考虑控制阀前、后压差变化时得到的流量特性称为理想流量特性。它取决于阀芯的形状（图 5-9），主要有直线、等百分比（对数）、抛物线及快开 4 种流量特性，如图 5-10 所示。

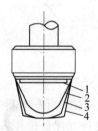

图 5-9　不同流量特性的阀芯形状
1—快开；2—直线；3—抛物线；4—等百分比

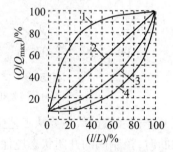

图 5-10　理想流量特性
1—快开；2—直线；3—抛物线；4—等百分比

（1）直线流量特性：直线流量特性是指控制阀的相对流量与相对开度成直线关系。数学式表示为

$$\frac{\mathrm{d}(Q/Q_{\max})}{\mathrm{d}(l/L)} = K \tag{5-2}$$

式中　K——常数，即控制阀的放大系数。

直线流量特性在流量小时，流量变化的相对值大；在流量大时，流量变化的相对值小。也就是说，当阀门在小开度时控制作用太强，而在大开度时控制作用太弱，这是不利于控制系统的正常运行的。因此，在使用直线流量特性的控制阀时，应尽量避免工作在此区域。

（2）等百分比（对数）流量特性：等百分比流量特性是指单位相对开度变化所引起的相

对流量变化与此点的相对流量成正比关系,即控制阀的放大系数随相对流量的增加而增大。

数学式表示为

$$\frac{\mathrm{d}(Q/Q_{\max})}{\mathrm{d}(l/L)} = k\frac{Q}{Q_{\max}} = K_{\mathrm{v}} \tag{5-3}$$

式中　k——常数;

K_{v}——调节阀的放大系数。

等百分比控制阀在小开度时放大系数较小,控制平稳、缓和;大开度时放大系数较大,控制及时、有效。因此,在过程控制中,等百分比流量特性适用范围较广。

(3)抛物线流量特性:抛物线流量特性是指控制阀的相对流量 $Q/Q_{\max}$ 与相对开度 l/L 之间成抛物线关系。

数学式表示为

$$\frac{\mathrm{d}(Q/Q_{\max})}{\mathrm{d}(l/L)} = k\left(\frac{Q}{Q_{\max}}\right)^{1/2} \tag{5-4}$$

式中　k——常数。

从图 5-10 可以看出,它介于直线流量特性和等百分比流量特性之间。

(4)快开流量特性:这种流量特性在开度较小时就有较大流量,随开度的增大,流量很快就达到最大,称为快开流量特性。

数学式表示为

$$\frac{\mathrm{d}(Q/Q_{\max})}{\mathrm{d}(l/L)} = k\left(\frac{Q}{Q_{\max}}\right)^{-1} = K_{\mathrm{v}} \tag{5-5}$$

式中　k——常数;

K_{v}——调节阀的放大系数。

控制阀在相对开度较小时,放大系数增长很快;而相对开度较大时,放大系数反而很小,甚至最终接近于零,因此只能作开关阀。

2. 控制阀的工作流量特性

在考虑控制阀前、后压差变化时得到的流量特性称为控制阀的实际工作流量特性,它与工艺上控制阀安装处的管路情况有关。

在实际生产中,控制阀前、后压差总是变化的,这时的流量特性称为工作流量特性。

(1)串联管道的工作流量特性。

以图 5-11 所示串联系统为例来讨论。系统总压差 Δp 等于管路系统的压差 Δp_{r} 与调节阀的压差 Δp_{v} 之和,如图 5-12 所示。以阻力比系数 s 表示控制阀全开时阀上压差 Δp_{vmin} 与系统总压差 Δp 之比。

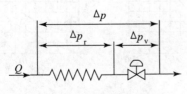

图 5-11　串联管道的情形

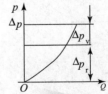

图 5-12　管道串联时控制阀
压差变化情况

$$s = \frac{\Delta p_{vmin}}{\Delta p} \tag{5-6}$$

式中　Δp_{vmin}——控制阀全开时阀上压差；

　　　Δp——系统总压差。

以 Q_{max} 表示管道阻力等于零时调节阀的全开流量，此时阀上压差为系统总压差。于是可得串联管道工作流量特性，如图 5-13 所示。

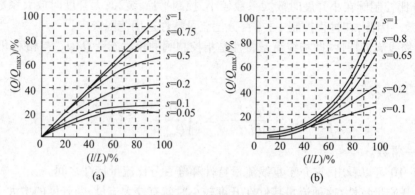

图 5-13　管道串联时调节阀的工作流量特性

图 5-13 中，$s=1$ 时，管道阻力损失为零，系统总压差全降在阀上，工作流量特性与理想流量特性一致。随着 s 值的减小，直线流量特性渐渐趋近于快开流量特性，等百分比流量特性渐渐接近于直线流量特性。所以，在实际使用中，一般不希望 s 值低于 0.3，常选 $s=0.3\sim0.5$。$s>0.6$ 时，与理想流量特性相差无几。

（2）并联管道的工作流量特性。

控制阀一般都装有旁路，以便手动操作和维护。当生产量提高或控制阀选小了时，只好将旁路阀打开一些，此时调节阀的理想流量特性就改变成为工作流量特性。

图 5-14 表示并联管道时的情况，这时管路的总流量 Q 是控制阀流量 Q_1 与旁路流量 Q_2 之和，即 $Q=Q_1+Q_2$。

若以 x' 代表并联管道时控制阀全开时的流量 Q_{1max} 与总管最大流量 Q_{max} 之比，可以得到在压差 Δp 为一定，而 x' 为不同数值时的工作流量特性，如图 5-15 所示。一般认为旁路流量最多只能是总流量的百分之十几，即 x' 值最小不低于 0.8。

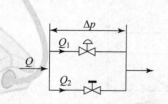

图 5-14　并联管道时的情况

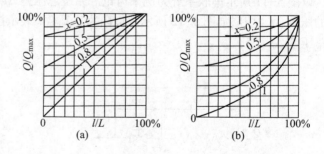

图 5-15　并联管道时控制阀的工作流量特性

三、控制阀的选择

选用控制阀时,一般要根据被控介质的特点(温度、压力、腐蚀性、黏度等)、控制要求、安装地点等因素,参考各种类型控制阀的特点合理地选用。在具体选用时,一般应考虑下列几个主要方面的问题。

1. 控制阀结构与特性的选择

控制阀的结构形式主要根据工艺条件,如温度、压力及介质的物理、化学特性(如腐蚀性、黏度等)来选择。例如,强腐蚀介质可采用隔膜阀,高温介质可选用带翅形散热片的结构形式。

2. 气开与气关的形式选择

在采用气动执行机构时,还必须确定气动控制阀的作用方式,即气开、气关控制阀的选择。

选择原则要从工艺生产安全要求出发。要求信号压力中断时,应保证设备和操作人员的安全。如果阀处于打开位置时危害性小,则应选用气关式,以便气源系统发生故障、气源中断时,阀门能自动打开,保证安全;反之,阀处于关闭时危害性小,则应选用气开阀。例如,加热炉的燃料气或燃料油应采用气开式控制阀,即当信号中断时应切断进炉燃料,以免炉温过高造成事故。又如控制进入设备易燃气体的控制阀,应选用气开式,以防爆炸,若介质为易结晶物料,则选用气关式,以防堵塞。

3. 控制阀流量特性选择原则

因控制阀制造厂家所提供的产品都是理想流量特性。用户的控制阀管路系统的配置情况是不同的。因此,应按控制阀实际工作流量特性的情况,以及被控对象的特性、工艺负荷变动等具体情况来选择控制阀的理想流量特性。主要有以下选择原则:

(1)根据被控对象特性选择。

被控对象的放大系数呈线性的,可选择直线控制阀。多数被控对象放大系数是随负荷变动呈非线性变化的,即小流量时 K_0 大,而大流量时 K_0 小,而等百分比理想流量特性,正好小流量时 K_v 小,大流量时 K_v 大,因此应选等百分比控制阀。

(2)根据 s 选择值。

控制阀流量特性的选择通常分两步进行:首先根据控制系统被控对象特性的要求,确定控制阀流量特性;再根据流量特性的畸变程度,确定理想流量特性。

当 $s>0.6$,比较接近于 1 时,可以认为理想流量特性与实际工作流量特性的曲线形状相近,此时实际工作流量特性选什么形式,理想流量特性就选相同的形式。

当 $s<0.6$ 时,理想流量特性是直线流量特性的畸变为快开流量特性,理想流量特性是对数流量特性的畸变为抛物线流量特性以至于直线流量特性。因此,当选择的实际工作流量特性为直线流量特性时,理想流量特性应采用等百分比流量特性;当选择的实际工作流量特性为快开流量特性时,理想流量特性应采用直线流量特性;当选择的实际工作流量特性为等百分比流量特性时,由于受现有产品的限制,理想流量特性仍为等百分比流量特性。

(3)根据特殊情况选择。

当控制阀常工作在小开度时,应选择等百分比流量特性控制阀,控制效果良好;当流过控制阀的介质含固体颗粒等,会造成阀芯、阀座磨损而影响控制阀的使用寿命时,为延长阀芯使用寿命,由于直线流量特性控制阀阀芯曲面形状较瘦,流线性好,不易磨损,应选用直线流量特性控制阀;当控制系统很稳定,控制阀工作变化范围不大,这时控制阀流量特性对控制质量无明显影响,则选用直线流量特性控制阀或者等百分比流量特性控制阀均可。

4. 控制阀口径的确定

控制阀口径的确定是指阀流量系数的计算和阀公称直径、阀座直径的确定。控制阀口径确定是在计算阀流量系数的基础上进行的,是控制阀选择的重要内容。

模块四　基本控制规律

一、控制器的控制规律

控制器的控制规律,就是指控制器接受被控量的测量值 $c_m(t)$、与给定值 $r(t)$ 进行比较后,若偏差不为零时,应依据什么规律发出控制信号 $u(t)$。采用不同的控制规律,在相同的偏差作用下,控制器发出的控制信号 $u(t)$ 不同,其控制的效果与质量是不同的。

二、基本控制规律的类型

基本控制规律的类型有 4 种,即双位控制规律、比例控制规律、积分控制规律和微分控制规律。

1. 双位控制规律

在所有控制规律中,双位控制规律最为简单,也最易实现。其动作规律是当测量值大于或小于给定值时,控制器的输出为最大(或最小)。控制器的输出不是最大就是最小,相应的执行机构就只有两个极限位置,不是全开就是全关。双位控制系统结构简单、成本低、容易实现。因此双位控制系统一般应用在生产过程允许被控量上下波动的场合,如箱式加热炉、恒温箱等。

2. 比例控制规律

比例控制器的输出控制信号 $u(t)$ 与输入偏差信号 $e(t)$ 之间的关系为

$$u(t) = K_c e(t) \tag{5-7}$$

式中　K_c——比例放大系数,是比例控制器的唯一特性参数。

图 5-16 所示为比例控制的阶跃响应曲线。当 $e(t)$ 有一个单位阶跃扰动时,$u(t)$ 立即有一个幅度为 K_c 的阶跃变化,K_c 越大,控制器输出的控制信号越大,比例控制作用就越强。

实际工程中,常用比例放大系数 K_c 的倒数作为比例控制的特性参数,以符号 δ 表示,称为比例度(或比例带),并常用百分数来表示。

$$\delta\% = \frac{1}{K_c} \times 100\% \tag{5-8}$$

比例度 $\delta\%$ 是表示比例控制作用强弱的参数,$\delta\%$ 小,则比例作用强;$\delta\%$ 大,则比例作用弱。

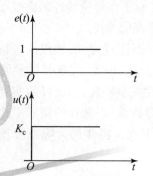

图 5-16　比例控制的阶跃响应曲线

由图 5-16 可见,比例控制的特点是及时、无滞后,只要一出现偏差,它就能立即进行控制,没有任何滞后,因此在常规的各种控制规律中,总把它作为最基本控制。比例控制的另一个特点是有差控制,因为只有当偏差不为零时才会有输出,如果偏差为零时输出也为零,失去控制作用。尽管单纯使用比例控制是不能消除稳态误差的,可以通过减小比例度来减小稳态误差,同时加快系统响应速度,但这样往往使系统的稳定性下降。

比例控制是一种最易实现,且特性参数整定简便的控制,所以工程上常把它作为最基本、重要的控制规律,与其他的积分或微分控制规律组合起来,得到了大量的应用。但纯比例控制,通常只能应用于负荷变化不大、对象滞后也不大,并且工艺上允许存在稳态误差的场合。

3. 积分控制规律

积分控制器的输出控制信号 $u(t)$ 与输入偏差信号 $e(t)$ 之间的关系为

$$u(t) = \int \frac{1}{T_I} e(t) \, dt \qquad (5\text{-}9)$$

由式(5-9)可见,积分控制器的输出控制信号的变化速度正比于输入偏差信号 $e(t)$。偏差越大,控制信号变化速度越大;反之就越小。只有当偏差为零时,$u(t)$ 才不再变化。

式(5-9)中的常数 T_I 称为积分时间,它是表示积分控制作用强弱的一个特性参数。因为在相同的输入偏差 $e(t)$ 作用下,T_I 越小,积分控制作用越强;反之 T_I 越大,则积分控制作用越弱。

由图 5-17 可见,系统受到扰动作用而产生偏差的时候,积分控制作用的动作是迟缓、滞后的,尤其在过渡过程的前期,积分控制作用很小,因此不能及时抑制系统偏差的增长,对控制不利。只要偏差存在,输出会不断随时间的增加而增加,只有当偏差为零时,才会停止积分,此时输出就会维持在一个数值上不变,因此积分控制是一种无差控制,提高系统的无差度,也就是提高系统的稳态精度,但积分的过渡过程变化缓慢,系统的稳定性不好。

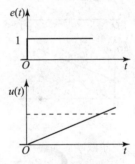

图 5-17　积分控制的阶跃响应曲线

从积分控制的特点可见,凡是工艺要求没有稳态误差的系统,都应选用积分控制作用。因此,实践中纯积分控制极少应用,把积分控制配合比例(P)控制、比例微分(PD)控制而构成比例积分(PI)控制、比例积分微分(PID)控制加以应用。

4. 微分控制规律

微分控制器的输出控制信号 $u(t)$ 与输入偏差信号 $e(t)$ 之间的关系为

$$u(t) = T_D \frac{de(t)}{dt} \qquad (5\text{-}10)$$

式中　T_D——微分时间。

T_D 是微分控制作用的特性参数。T_D 大,在同样的偏差变化速度下,微分控制信号 $u(t)$ 就大,表示微分控制作用强;反之,微分控制作用弱。故式(5-10)的这种微分作用又称为理想微分控制作用。

微分控制不是等偏差出现时才动作,而是根据变化趋势提前动作,因此微分控制具有超前控制的特点。在实际应用中，某些时间常数和容积迟延大的系统，都要采用微分控制。

但微分控制不单独使用，总配合 P 控制、PI 控制以及 PD 或 PID 的控制应用。主要应用于被控对象时间常数和容积迟延大的控制系统中。它对克服纯迟延无能为力。

5. PID 控制器

（1）P 控制器：P 控制器的输出与偏差成正比，负荷变化时抗扰动能力强，过渡过程时间短，但存在稳态误差。因此 P 控制器适用于负荷变化不大，对象滞后小，被控量允许存在稳态误差的场合。

（2）PI 控制器：这是一种把比例控制与积分控制结合起来取长补短的一种较好的控制作用，既利用比例控制的动作及时快速；又利用积分控制最后能消除稳态偏差的优点，使系统的准确性提高。

比例积分控制器的输出控制信号 $u(t)$ 与输入偏差信号 $e(t)$ 之间的关系为

$$u(t) = u_P(t) + u_I(t) = \frac{1}{\delta}\left[e(t) + \int \frac{1}{T_I} e(t)\,\mathrm{d}t\right] \tag{5-11}$$

由图 5-18 所示可见，比例积分控制的输出控制信号 $u(t)$ 由比例控制部分 $u_P(t)$ 和积分控制部分 $u_I(t)$ 所组成。比例积分控制的动作，相当于在扰动使系统产生偏差的瞬间，先立即进行与偏差大小成比例的粗调，然后再慢慢细调，直至完全消除偏差为止。

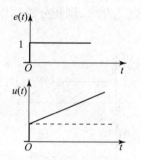

图 5-18　比例积分控制的阶跃响应曲线

比例度 δ 不仅影响比例作用，而且影响积分作用。当积分时间 T_I 不变时，δ 小时，比例控制作用和积分控制作用都增加；反之，都减弱。积分时间 T_I 只影响积分控制作用的强弱，T_I 小则积分控制作用强；反之，则弱。

PI 控制的起始阶段比例作用迅速反映输入的变化，随后积分作用使输出逐渐增加，最终达到消除稳态误差的目的。PI 控制的稳定性相对 P 变差，只要偏差不为零，控制器就会不停地积分，使输出进入深度饱和，控制器失去控制作用。因此，采用积分规律的控制器一定要防止积分饱和。后面的单元将详细介绍。

PI 控制器适用于负荷变化不大，对象滞后小，被控量不允许存在稳态误差的场合。

（3）PD 控制器。

比例微分控制器的输出控制信号 $u(t)$ 与输入偏差信号 $e(t)$ 之间的关系为

$$u(t) = u_P(t) + u_D(t) = \frac{1}{\delta}\left[e(t) + T_D \frac{\mathrm{d}e(t)}{\mathrm{d}t}\right] \tag{5-12}$$

由式（5-12）可知，比例度 δ 不仅影响比例控制作用的强弱，同时影响微分控制作用的强弱。当 δ 小时，比例控制作用和微分控制作用都强；反之，δ 大时，两种控制作用都弱。

微分时间 T_D 影响微分控制作用强弱，T_D 大，则微分控制作用强；反之，T_D 小，微分控制作用弱。

PD 控制作用也是一种有差控制，但其稳态误差要比纯 P 控制小。微分控制具有超前控制作用，当选用的微分时间 T_D 合适时，能大大改善系统的动态特性。PD 控制有利于减小稳态误差，提高系统的响应速度。

PD 控制器适用于负荷变化大，容量滞后较大，被控量允许存在稳态误差的场合。

(4) PID 控制器:PID 结合了比例控制的快速反应的特点、积分控制消除稳态误差的特点及微分控制超前控制的特点,兼顾了动态和静态两方面的控制要求,取得满意的控制效果。

理想 PID 控制的动作规律为

$$u(t) = u_P(t) + u_I(t) + u_D(t) = \frac{1}{\delta}\left[e(t) + \frac{1}{T_I}\int e(t)\,dt + T_D\frac{de(t)}{dt}\right] \tag{5-13}$$

由式(5-13)可知,比例度 δ 不仅影响比例控制部分作用强弱,还影响积分控制部分作用强弱和微分控制部分作用强弱。积分时间 T_I 只影响积分控制部分作用强弱。微分时间 T_D 只影响微分控制部分作用强弱。

在 PID 控制中,比例控制作用是最基本的,积分控制与微分控制作用都是辅助的。积分控制主要在过渡过程的后期,以消除稳态误差,但同时它会使稳定性变差。微分控制在施加适当时,因其超前控制的特性,能大大改善控制系统的动态特性。

从这 3 种控制作用的动作来看,微分控制动作最快,比例控制次之,而积分控制动作最慢。总之,3 种作用控制的准确性、稳定性与快速性综合起来都比较好。

PID 控制器适用于负荷变化大,容量滞后较大,控制质量的要求又较高,被控量不允许存在稳态误差的场合。

三、常用控制规律的选择

通常,有以下一些选用原则可供参考:

(1)广义被控对象控制通道时间常数不大、负荷变动不大,以及对控制要求不高的场合,可以选用比例控制规律。

(2)广义被控对象控制通道的时间常数较小,负荷变动也不大,但被控量不允许有稳态误差时,可选用 PI 控制规律。

(3)广义被控对象控制通道的时间常数或容积迟延都较大,负荷变动较大时,应考虑引入微分控制。若被控量允许有稳态误差,可以选用 PD 控制规律;若被控量不允许有稳态误差,可以选用 PID 控制规律。

(4)广义被控对象控制通道的时间常数、容积迟延或纯迟延都较大、负荷变动也很大,对控制质量的要求又较高,这时即使采用 PID 控制也不能满足要求,需要采用复杂控制系统。下一章将介绍。

四、控制器正、反作用的选择

1. 控制器正、反作用

当输入控制器的被控量测量值 $c_m(t)$ 的变化方向与控制器输出的控制信号 $u(t)$ 的变化方向相同时,称控制器是"正作用"的;反之,称控制器为"反作用"的。

控制器的正、反作用

控制器的输入量是误差 $e(t)$,有

$$e(t) = r(t) - c_m(t)$$

而它的输出量就是控制信号 $u(t)$,所以控制器的传递函数为

$$G_c(s) = \frac{U(s)}{E(s)}$$

并且当 $U(s)$ 与 $E(s)$ 变化的方向相同时，$G_c(s)$ 的符号为"+"；$U(s)$ 与 $E(s)$ 变化方向相反时，$G_c(s)$ 的符号为"-"。

一般给定值 $r(t)$ 是不变的常量，对于一个正作用的控制器，当被控量的测量值 $c_m(t)$ 增大时，必定使控制器的输出信号 $u(t)$ 也增大。而控制器 $G_c(s)$ 的输入量 $e(t)$ 是减小的，相应的 $E(s)$ 也是减小的，而 $G_c(s)$ 的输出量 $U(s)$ 却是增大的，其输入量与输出量的方向是相反的，所以控制器的传递函数 $G_c(s)$ 符号是"-"的。反作用控制器的传递函数 $G_c(s)$ 的符号是"+"的。请读者自己证明。

在控制器实际投运前，必须正确设定好它的"正"或"反"作用的位置，以确保闭环控制系统是负反馈的；否则不仅不能起到正确的控制作用，甚至还会造成生产事故。

2. 确定控制器正、反作用的方法

（1）画出典型简单控制系统的动态结构图，如图 5-19 所示。

（2）确定被控对象、检测变送装置和控制阀传递函数的符号。

首先选择控制阀的气开、气关的形式。气开阀 $G_v(s)$ 的符号是"+"，即 $G_v(s)>0$；气关阀 $G_v(s)$ 的符号是"-"，即 $G_v(s)<0$。

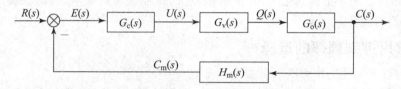

图 5-19　典型简单控制系统的动态结构图

其次根据工艺情况确定被控对象控制通道的传递函数 $G_o(s)$ 的符号是"+"还是"-"。若检测变送装置传递函数 $H_m(s)$ 没有作特别说明，符号均是"+"。

（3）确定控制器的正、反作用。

为了确保控制系统实现负反馈，应要求闭环的开环传递函数 $G_k(s)>0$，即

$$G_k(s)=G_c(s)G_v(s)G_o(s)H_m(s)>0 \tag{5-14}$$

依据式（5-14），即可判断出控制器传递函数的符号，则确定控制器的正、反作用。

（4）验证所定控制器正、反作用的正确性。

例 5-1　图 5-2 所示锅炉液位控制系统，试正确选择该控制器的正、反作用。

解　（1）画出控制系统的动态结构图，如图 5-20 所示。

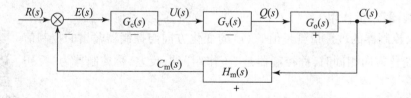

图 5-20　由控制系统结构图 $G_k(s)>0$ 确定控制器的正、反作用

（2）确定除控制器以外的各环节传递函数的符号是"+"还是"-"，并标注在系统结构图的相应位置上。

①控制阀根据安全性选择气关阀。生产蒸汽的锅炉水位控制系统中给水控制阀，为了

保证不至于把锅炉烧坏控制阀应选气关式。

因增大控制信号 $u(t)$ 时,阀门流量减小 $q(t)$,即 $U(s)\uparrow$,$Q(s)\downarrow$,故阀门传递函数 $G_v(s)$ 为"-"。

②若控制阀流量 $q(t)$ 减小,将使锅炉液位 $c(t)$ 下降,即 $Q(s)\downarrow$,$C(s)\downarrow$,所以被控对象控制通道的传递函数 $G_o(s)$ 为"+"。

③锅炉液位 $c(t)$ 下降时,检测变送装置得到的被控量的测量值 $c_m(t)$ 也减小,即 $C(s)\downarrow$,$C_m(s)\downarrow$,故检测变送装置的传递函数 $H_m(s)$ 应为"+"。

(3)确定控制器的正反作用。由式(5-14)可见,要保证该控制系统负反馈,应要求控制器的传递函数 $G_c(s)$ 为"-",如图5-20所示,所以该控制器应选正作用的。

(4)验证能否正确控制。

若因某种扰动使被控量变化:

$$c(t)\uparrow \xrightarrow{H_m(s)>0} c_m(t)\uparrow \xrightarrow{G_c(s)<0} u(t)\uparrow$$

$$c(t)\downarrow \xleftarrow{G_o(s)>0} q(t)\downarrow \xleftarrow{G_v(s)<0}$$

控制系统能正确控制,所选正作用控制器能确保闭环控制系统实现负反馈。

模块五　简单控制系统的控制器参数整定

控制系统的方案设计中的各个环节如检测变送装置、控制器、执行器等的选择都得当,安装也正确,但在控制系统实际投运前,还必须对控制系统的参数进行整定。

工程整定法是依靠工程经验和理论指导,直接在过程控制系统中进行,整定控制器的最佳参数。其方法简单,计算简便,而且容易掌握,所得参数虽然不一定为最佳,但是实用,能解决一般性问题,所以在工程上得到了广泛应用。

控制器参数整定就是根据被控对象的特性,确定PID控制器的比例度 δ、积分时间 T_I 和微分时间 T_D 的大小。

简单控制系统的一些参数整定方法,往往也能应用于复杂控制系统的参数整定。

工程中常用的方法有经验凑试法、临界比例度法、衰减曲线法等。

1. 经验凑试法

先将控制器参数放在某些经验的数值上,如表5-1所示。然后在闭环控制系统中作给定值阶跃扰动试验,观察过渡过程曲线情况。按照先比例、后积分、最后微分的顺序,不断调整控制器的参数,直至获得 $\psi=0.75$ 的满意过渡过程曲线为止。

具体整定步骤:

(1)首先整定比例度 δ。把 T_I 放在无穷大,T_D 放在零,这时控制器即为纯P调节器。δ 按经验设置初始值,将系统投入运行,整定比例度 δ。若曲线振荡频繁,则加大比例度 δ;若曲线超调量大,则减小比例度 δ。反复试验,直至得到4:1的衰减振荡曲线。

(2)然后整定积分时间 T_I。把 δ 值适当放大一些(约为第(1)步 δ 值的1.2倍),将 T_I 由大到小进行整定。若曲线波动较大,则应增大积分时间 T_I;若曲线偏离给定值后长时间回不来,则需减小 T_I。反复试验,直至得到4:1衰减振荡曲线为止。

(3)最后整定微分时间 T_D。适当减小 δ 值(约减小20%),T_D 从小到大加入。若曲线超调量大而衰减慢,则应增大微分时间 T_D;若曲线振荡厉害,则应减小 T_D。反复试验,直至得到 4∶1 衰减振荡曲线。

表 5-1　经验凑试法整定参数经验值

系统 \ 参数	$\delta/\%$	T_I/min	T_D/min
液位	20~80		
压力	30~70	0.4~3	
流量	40~100	0.1~1	
温度	20~60	3~10	0.5~3

本法适用于任何控制系统,但比较费时间,尤其对经验不足者,更费时间。在使用后面介绍的各种方法整定时,往往最后还需按过渡过程曲线的具体情况,对有关参数作适当调整,这时实质上也是采用本方法的原理。在生产现场,本法的应用很普遍。

2. 临界比例度法

临界比例度法(也叫稳定边界法)对系统进行纯比例控制试验,得到临界稳定的、等幅振荡过渡过程曲线及其相应的临界比例度 δ_K 和振荡周期 T_K,然后按表 5-2 所列的经验公式得到整定参数。

表 5-2　临界比例度法整定参数计算表

控制规律 \ 整定参数	δ	T_I	T_D
P	$2\delta_K$		
PI	$2.2\delta_K$	$0.85T_K$	
PID	$1.7\delta_K$	$0.5T_K$	$0.125T_K$

具体步骤如下:

(1)控制器积分时间 T_I 置于无穷大,微分时间 T_D 置于零。比例度 δ 置于较大数值,使系统投入闭环运行。

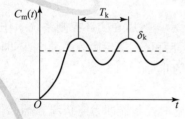

图 5-21　临界比例度法实验曲线

(2)等系统稳定后,对系统进行给定值阶跃扰动试验,减小 δ 直至出现图 5-21 所示的等幅振荡曲线为止。记下相应的临界比例度值 δ_K 和等幅振荡周期 T_K。

(3)按表 5-2 计算出整定参数值 δ、T_I、T_D。把上述整定参数值放在控制器上,再做实验。观察过渡过程的效果,并常需按具体情况,对参数再作适当调整,直到获得 4∶1 衰减振荡曲线为止。

本方法对生产现场不允许出现幅度较大的等幅振荡时,因此多数在实验室应用。

3. 衰减曲线法

此法与临界比例度法类似,不同的是不需出现等幅振荡曲线。

具体步骤如下:

（1）控制器积分时间 T_I 置于无穷大，微分时间 T_D 置于零。比例度 δ 置于较大数值时，将系统投入运行。

（2）等系统运行稳定后，对给定值做阶跃变化，观察系统的响应。若响应振荡衰减太快，则减小比例度；反之则增加比例度。如此反复直到出现 $4:1$ 或 $10:1$ 衰减振荡的过渡过程曲线，获得相应 $4:1$ 衰减振荡时的比例度 δ_s 及其振荡周期 T_s，或者 $10:1$ 衰减振荡时的比例度 δ_s' 及其峰值时间 t_p，如图 5-22 所示。

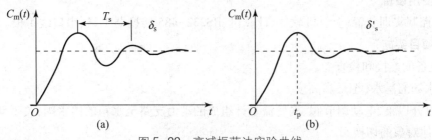

图 5-22 衰减振荡法实验曲线

（3）按表 5-3 计算相应的整定参数，并把整定参数置于控制器上，再做实验并按具体情况对参数再做适当调整，直到获得满意的过渡过程衰减振荡曲线为止。

表 5-3 衰减振荡法整定参数计算表

衰减比（衰减率）	控制规律 整定参数	δ	T_I	T_D
$4:1(\psi=0.75)$	P	δ_s		
	PI	$1.2\delta_s$	$0.5T_s$	
	PID	$0.8\delta_s$	$0.3T_s$	$0.1T_s$
$10:1(\psi=0.9)$	P	δ_s'		
	PI	$1.2\delta_s'$	$2t_p$	
	PID	$0.8\delta_s'$	$1.2t_p$	$0.4t_p$

该法适用于各种控制系统，但对工艺扰动作用强烈且频繁的控制系统不适用。因为这时记录的过渡过程曲线极不规则，无法正确判断 $4:1$ 衰减振荡曲线。

可见，究竟选用哪种整定方法，要视具体情况而定。不过，这几种方法在实验室都是适用的，尤其对临界比例度法在现场往往受限制而不能采用时，实验室应用则是完全没有问题的。

项目 水箱液位 PID 参数整定

一、项目描述

水箱控制系统，在检测变送装置、控制器、执行器等的选择都得当，安装也正确，但在控制系统实际投运前，还必须进行对控制系统的参数进行整定。

参数整定就是根据被控对象的特性，确定 PID 控制器的比例度 δ、积分时间 T_I 和微分时间 T_D 的大小。

二、项目目标

1. 熟悉单回路反馈控制系统的组成和工作原理。

2. 严谨地分析分别用 P、PI 和 PID 调节时的过渡过程曲线。

3. 科学地研究 P、PI 和 PID 调节器的参数对系统性能的影响。

三、使用设备

过程控制实训装置、上位机软件、计算机、RS232-485 转换器 1 只、串口线 1 根。

四、项目实施

1. 设备的连接和检查

（1）水箱灌满水（至最高高度）。

（2）打开以泵、电动调节阀、涡轮流量计组成的动力支路至水箱的出水阀，关闭动力支路上通往其他对象的切换阀。

（3）打开水箱的出水阀。

（4）检查电源开关是否关闭。

2. 系统连线

（1）将 I/O 信号面上压力变送器水箱液位的钮子开关打到 OFF 位置。

（2）将水箱液位正极端接到任意一个智能调节仪的正极端，水箱液位负极端接到智能调节仪的负极端。

（3）将智能调节仪的输出端的正极端接至电动调节阀的输入端的正极端，将智能调节仪的输出端的负极端接至电动调节阀输入端的负极端。

（4）智能调节仪的电源开关打在关的位置。

（5）三相电源、单相 I 空气开关打在关的位置。

3. 启动实训装置

（1）将实训装置电源插头接到三相 380V 的三相交流电源。

（2）打开总电源漏电保护空气开关，电压表指示 380V。

（3）打开电源总钥匙开关，按下电源控制屏上的启动按钮，即可开启电源。

4. 实施步骤

（1）开启单相 I 空气开关，调整好仪表各项参数（仪表初始状态为手动且为 0）和液位传感器的零位。

（2）启动智能仪表，设置好仪表参数。

1）比例控制器（P）控制

①启动计算机组态软件，进入实训系统。

②打开电动调节阀和单相电源泵开关，开始实训。

③设定给定值，调整比例度 δ。

④待系统稳定后，对系统加扰动信号（在纯比例的基础上加扰动，一般可通过改变设定值实现）。记录曲线在经过几次波动稳定下来后，系统有稳态误差，并记录大小。

⑤增大比例度重复步骤④,观察过渡过程曲线,并记录稳态误差大小。

⑥减小比例度重复步骤④,观察过渡过程曲线,并记录稳态误差大小。

⑦选择合适的比例度,可以得到较满意的过渡过程曲线。改变设定值(如设定值由50%变为60%),同样可以得到一条过渡过程曲线。

2)比例积分调节器(PI)控制

①在比例调节实训的基础上,加入积分作用,即在界面上设置积分时间 T_I 不为0,观察被控制量是否能回到设定值,以验证比例积分控制下,系统对阶跃扰动无稳态误差存在。

②固定比例度值(中等大小),改变PI调节器的积分时间 T_I 值,然后观察加阶跃扰动后被调量的输出波形,并记录不同 T_I 值时的超调量。

③固定积分时间于某一中间值,然后改变比例度的大小,观察加扰动后被调量输出的动态波形,据此列表记录不同值 T_I 下的超调量。

④选择合适的比例度和积分时间值,使系统对阶跃输入扰动的输出响应为一条较满意的过渡过程曲线。此曲线可通过改变设定值(如设定值由50%变为60%)来获得。

3)比例积分微分调节器(PID)控制

①在PI调节器控制实训的基础上,再引入适量的微分作用,即把软件界面上设置微分时间,然后加上与前面实训幅值完全相等的扰动,记录系统被控制量响应的动态曲线,并与实验2)PI控制下的曲线相比较,由此可看到微分作用对系统性能的影响。

②选择合适的 δ、T_I 和 T_D,使系统的输出响应为一条较满意的过渡过程曲线(阶跃输入可由给定值从50%突变至60%来实现)。

③在历史曲线中选择一条较满意的过渡过程曲线进行记录。

4)用临界比例度法整定调节器的参数

①待系统稳定后,逐步减小调节器的比例度 δ,并且每当减小一次比例度 δ,待被调量回复到平衡状态后,再手动给系统施加一个5%~15%的阶跃扰动,观察被调量变化的动态过程。若被调量为衰减的振荡曲线,则应继续减小比例度 δ,直到输出响应曲线呈现等幅振荡为止。如果响应曲线出现发散振荡,则表示比例度调节得过小,应适当增大使之出现等幅振荡。

②当被调量做等幅振荡时,此时的比例度 δ 就是临界比例度,用 δ_k 表示,相应的振荡周期就是临界周期 T_k。据此,按表可确定PID调节器的三个参数 δ、T_I 和 T_D。

五、项目报告

1. 绘制水箱液位控制系统的原理框图。

2. 用临界比例度法整定调节器的参数,写出三种调节器的稳态误差和超调量。

3. 绘制比例调节器控制时,不同 δ 值下的阶跃响应曲线。

4. 绘制比例积分调节器控制时,不同 δ 和 T_I 值时的阶跃响应曲线。

5. 绘制比例积分微分调节器控制时的阶跃响应曲线,并分析微分的作用。

6. 比较P、PI和PID三种控制器对系统稳态误差和动态性能的影响。

六、项目评价

项目名称			水箱液位 PID 参数整定		
课程名称		专业名称		班级	
姓名		成员		组号	
实施	配分	操作要求	评价细则	扣分点	得分
设备的连接和检查	5分	熟悉设备功能。（5分）	1. 设备功能不完全清楚,扣2分。 2. 设备功能需要在教师或组员指引下,扣3分。 3. 设备功能完全不懂,扣5分。		
系统连线	10分	1. 能合理进行布局。（5分） 2. 连线正确。（5分）	1. 布局不合理,扣3分。 2. 连线杂乱无序,扣5分。 3. 连线相对工整,扣2分。		
启动实验装置	5分	启动顺序。（5分）	启动顺序不正确扣5分。		
实施步骤	40分	1. 比例调节器控制:比例度的调节及记录。（10分） 2. 比例积分调节器控制:积分时间的调节及记录。（10分） 3. 比例积分微分调节器（PID）控制:微分时间的调节及记录。（10分） 4. 用临界比例度法整定调节器的参数。（10分）	1. 比例度的数值存在 20% 误差,扣2分;存在 30% 误差,扣4分;超过 40% 误差,扣6分。 2. 积分时间的数值存在 20% 误差,扣2分;存在 30% 误差,扣4分;超过 40% 误差,扣6分。 3. 微分分时间的数值存在 20% 误差,扣2分;存在 30% 误差,扣4分;超过 40% 误差,扣6分。 4. 未调出等幅振荡曲线,扣5分。		
项目报告	30分	1. 绘制水箱液位控制系统的原理框图。（5分） 2. 用临界比例度法整定调节器的参数,写出三种调节器的稳态误差和超调量。（5分） 3. 绘制比例控制器控制时,不同 δ 值下的阶跃响应曲线。（5分） 4. 绘制 PI 控制器控制时,不同 δ 和 T_i 值时的阶跃响应曲线。（5分） 5. 绘制 PID 控制时的阶跃响应曲线,并分析微分 D 的作用。（5分） 6. 比较 P、PI 和 PID 三种控制器对系统无差度和动态性能的影响。（5分）	1. 原理框图不正确,酌情扣分。 2. 稳态误差和超调量数值酌情扣分。 3. 阶跃响应曲线,酌情扣分。 4. 阶跃响应曲线,酌情扣分。 5. 阶跃响应曲线,并分析微分 D 的作用,酌情扣分。 6. 系统无差度和动态性能,酌情扣分。		

续表

项目名称		水箱液位 PID 参数整定			
安全文明操作	10 分	1. 严格遵守安全文明操作规程。 2. 实验线路接好后,必须经指导老师检查认可后方可接通电源。	1. 遵守安全文明操作,错一处扣 2 分。 2. 自行接通电源扣 10 分。		
总分					

知识梳理

本单元主要包括简单控制系统的组成、被控量与操纵量的选择、执行器的选择、控制器的控制规律、控制器参数整定五部分。

(1)简单控制系统是指由一个被控对象、一个检测变送装置(检测变送器)、一个控制装置(控制器)和一个执行装置(执行器)所组成的负反馈控制系统。

(2)被控量与操纵量的选择原则。

(3)执行器的选择中,选择控制阀的气开或气关的形式和调节阀流量特性。

(4)控制器的控制规律,选择控制器的正、反作用以及控制器的控制规律。

(5)控制器参数整定的方法有经验凑试法、临界比例度法、衰减曲线法等。

思考题与习题

5-1　什么是简单控制系统？画出简单控制系统的典型原理框图。

5-2　怎样选择被控量？其选择原则是什么？

5-3　在选择操纵量时,控制通道的放大系数和时间常数对其有什么影响？操纵量的选择原则是什么？

5-4　为什么要选择控制阀的气开、气关的形式？如何选择？

5-5　什么是控制阀的理想流量特性和工作流量特性？如何选择控制阀的流量特性？

5-6　什么是控制器的控制规律？控制器有哪些基本控制规律？

5-7　试述比例控制、比例积分控制、比例微分控制和比例积分微分控制的特点及适用场合。

5-8　为什么要整定控制器参数？有几种常用的整定方法？

5-9　经验凑试法、临界比例度法、衰减曲线法的特点及其适用场合是什么？

5-10　如图 5-23 所示,蒸汽加热器温度控制系统的控制流程图,说明过程控制系统的组成,画出框图并分析其工作过程。

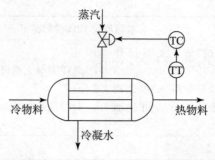

图 5-23　题 5-10 蒸汽加热器温度控制系统流程图

5-11　图 5-24 所示为精馏塔塔釜液位控制系统流程图。若工艺上不允许塔釜液位被抽空,试确定控制阀的气开、气关形式和控制器的正、反作用方式。

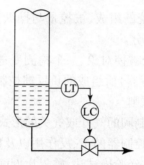

图 5-24　题 5-11 精馏塔塔釜液位控制系统流程图

5-12　图 5-25 所示为储罐压力自动控制系统流程图。工艺要求的压力不能超过安全值,试确定控制阀的气开、气关形式和控制器的正、反作用方式。

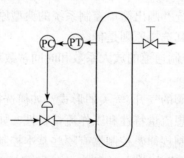

图 5-25　题 5-12 储罐压力控制系统流程图

第6单元
复杂控制系统

❖ **素质目标**

1. 培养学生发现故障,仔细观察、善于分析的习惯。
2. 培养学生技术应用能力和技术创新能力。

❖ **知识目标**

1. 熟练掌握串级控制系统的组成、特点和适用场合。
2. 掌握串级控制系统的设计原则及应用场合。
3. 掌握串级控制系统的参数整定。
4. 理解前馈的概念。
5. 熟练掌握前馈控制作用与反馈控制作用的区别。
6. 掌握前馈—反馈控制系统、前馈—串级控制系统以及前馈控制选用原则。

❖ **能力目标**

1. 会绘制串级控制系统的原理方框图。
2. 会分析串级控制系统的工作过程。
3. 会分析前馈控制系统。

复杂控制系统是指系统中具有两个以上的检测变送器、控制器或执行器的控制系统。本单元主要介绍工业中大量应用的串级控制系统与前馈控制系统。

模块一　串级控制系统

串级控制系统是所有复杂控制系统中应用最多的一种,当要求被控量的稳态误差范围很小,简单控制系统不能满足要求时,可考虑采用串级控制系统。

一、串级控制系统的组成

1. 加热炉

加热炉是冶金、化工生产中的重要设备。图 6-1 所示是一个加热炉出口温度简单控制系统。被加热原料的出口温度是该控制系统的被控量,燃料油量是该系统的操纵量,这是一个简单控制系统。如果对出口温度的稳态误差范围要求不高,这个控制方案是可行的。如果对出口温度的稳态误差范围要求很小,则简单控制系统难以控制。

串级控制系统
的组成

141

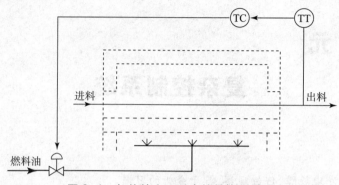

图 6-1　加热炉出口温度简单控制系统

　　系统的控制通道,控制器发出的信号送给控制阀,控制阀改变阀门开度,送入加热炉的燃料油量改变,燃料油在炉膛里燃烧,炉膛温度改变,最终使被加热原料温度得到调整,稳定在所希望的温度附近。由于传热过程的时间常数大,等到出口温度发生偏差后再进行控制,导致偏差在较长的时间内不能被纠正,稳态误差太大,不符合工艺要求。怎样解决这个问题呢? 根据反馈原理,被控量的任何偏差都是由各种扰动引起的,如果能把这些扰动抑制住,则被控量的波动将会减小。

　　在控制系统中,每一个扰动到被控量之间都是一条扰动通道。对于该加热炉,主要的扰动有燃料油压力的波动、燃料热值的波动、原料入口温度的波动等。如果对每个主要扰动都用一个控制系统来克服波动,则原料的出口温度肯定能被控制得很好。但实际上,有些量的控制很不方便,而且这样做整个控制系统的投资将是很大的。实践中,使用串级控制系统,不需要增加太多的设备即可使被控量达到较高的控制精度。

　　从前面的分析可知,该系统的主要问题是时间常数过大。串级控制的思想是把时间常数较大的被控对象分解为两个时间常数较小的被控对象,如从燃料油量到炉膛温度的设备可作为第一个被控对象,炉膛温度到被控量的设备作为第二个被控对象,也就是在原被控对象中找出一个中间变量——炉膛温度,它能提前反映扰动的作用,增加对这个中间量的有效控制,即根据炉膛温度的变化,先控制燃料油量,再根据原料出口温度与给定值之差,进一步控制燃料油量,可使整个系统的被控量得到较精确的控制,加热炉出口温度的串级控制系统流程图如图 6-2 所示。

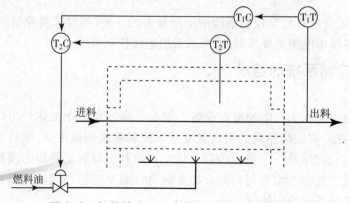

图 6-2　加热炉出口温度的串级控制系统流程图

串级控制系统是由两个检测变送器、两个控制器、一个执行器组成的控制系统。串级控制系统的典型原理框图如图6-3所示。两个控制器串联工作,其中一个控制器的输出作为另一个控制器的给定值,而后者的输出去控制控制阀(执行器)以改变操纵量,这种结构称为串级控制系统。

2. 串级控制系统中常用的术语

主被控量:它指工艺控制指标或与工艺控制指标有直接关系,在串级控制系统中起主导作用的被控量。如本例中的原料出口温度 $c_1(t)$。

副被控量:它指在串级控制系统中,为了更好地稳定主被控量或因其他某些要求而引入的辅助量。如本例中的炉膛温度 $c_2(t)$。

主被控对象:大多为工业过程中所要控制的、由主被控量表征其主要特性的生产设备或过程。

副被控对象:大多为工业过程中影响主被控量的、由副被控量表征其特性的辅助生产设备或辅助过程。

主控制器:在系统中起主导作用,按主被控量的测量值与给定值的偏差进行工作的控制器,其输出作为副控制器的给定值。

副控制器:在系统中起辅助作用,按副被控量的测量值与主控制器的输出值的偏差进行工作的控制器,其输出直接改变控制阀的阀门开度。

主检测变送器:测量并转换主被控量的变送器。

副检测变送器:测量并转换副被控量的变送器。

副回路:由副检测变送器、副控制器、执行器和副被控对象构成的内层闭合回路,也称副环或内环。

主回路:由主检测变送器、主控制器、副回路和主被控对象构成的外层闭合回路,也称主环或外环。

一次扰动:作用于主回路的扰动,用 $d_1(t)$ 表示。

二次扰动:作用于副回路的扰动,用 $d_2(t)$ 表示。

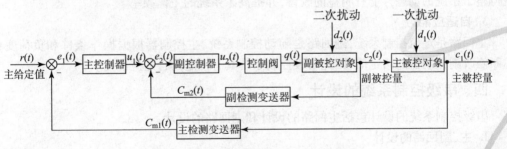

图6-3 串级控制系统的典型原理框图

二、串级控制系统的工作过程

1. 一次扰动作用在主回路

一次扰动使主被控量发生变化时,主回路产生控制作用,克服一次扰动对主被控量的影响。由于副回路的存在加快了控制作用,使一次扰动对主被控量的影响比单回路控制系统时要小。

2. 二次扰动作用在副回路

二次扰动使副被控量发生变化时，副控制器立即发出控制信号，控制阀的开度变化，克服二次扰动对副被控量的影响。如果扰动量不大，经过副回路的控制一般不会影响主被控量。如果扰动量的幅度较大，经过副回路的及时控制，仍影响主被控量，此时再由主回路进一步控制，从而完全克服上述扰动，使主被控量回到给定值。

3. 一次、二次扰动同时作用于主、副回路

如果一次、二次扰动的作用使主、副被控量同时增加或同时减小，主、副控制器对控制阀的控制方向是一致的，即控制阀开度变化幅度大，加强控制作用，使主被控量很快回到给定值。如果一次、二次扰动的作用使主、副被控量一个增加，另一个减小，主、副控制器对控制阀的控制方向是相反的，控制阀开度只要做较小的变化就能满足控制要求。

串级控制系统对于作用在主回路上的一次扰动和作用在副回路上的二次扰动都能有效地克服。副回路特点是先调、粗调、快调，主回路的特点是后调、细调、慢调。

综上所述，在串级控制系统中，由于从对象提取出副被控量并增加了一个副回路，整个系统克服扰动的能力更强，克服扰动的作用更及时，控制性能明显提高。

三、串级控制系统的特点

与单回路控制相比，串级控制系统主要增加了一个副回路，使控制系统性能得到改善，串级控制系统的性能特点一般可以从以下几个方面进行分析。

1. 抗扰性能

对串级控制系统而言，它对二次扰动的抑制能力比对一次扰动的抑制能力更强，可以显著提高系统对二次扰动的抑制能力，甚至二次扰动在对主被控量尚未产生明显影响时就被副回路克服了。由于副回路调节作用的加快，整个系统的调节作用也加快了，对一次扰动的抑制能力也提高了。

2. 对象特性

由于副回路显著改善了包括控制阀在内的副对象的特性，减小其时间常数和容量滞后，使得整个系统的动态性能有明显的改善，并提高了系统的工作频率。

3. 自适应能力

主回路是定值控制系统，副回路是随动控制系统，主控制器根据操作条件和负荷变化，不断修改副控制器的给定值，因此串级控制系统具有一定的自适应能力。

四、串级控制系统的设计

串级控制系统的设计包括主回路的设计和副回路的设计。

1. 主、副回路的设计

主回路：主回路是定值控制系统，前面讲述的有关简单控制系统设计原则也适用于它。主被控量的选择与简单控制系统相同。

副回路：串级控制系统设计的关键是选择副被控量，确定副回路。

（1）副被控量要可测、副被控对象时间常数要小、纯滞后时间尽可能短。

为了构成副回路，副被控量为可测是必要条件。为了提高副回路快速反应能力、缩短调节时间，副被控对象时间常数不能太大，纯滞后时间也尽可能小，充分发挥副回路快速调节作用。

（2）副回路应尽可能多地包含变化频繁、幅度大的扰动。

串级控制系统对二次扰动有很快、很强的克服能力。必须使副回路包含变化剧烈、频繁且幅度大的主要扰动，并力求包含更多的扰动，但也不能越多越好。

前面加热炉原料出口温度串级控制系统的例子中，图6-2中的控制方案，在炉膛压力波动是工艺主要扰动时，取炉膛温度为副参数的串级控制方案是合理的，并且还包含了较多的其他扰动。需要注意的是，副回路所包含的扰动，也不是越多越好。因为这样的话，副对象的通道较长，滞后大，对发挥副回路的快速控制作用不利。若燃料油压力波动是主扰动，并直接影响喷入炉膛的燃料油量，对原料出口温度影响严重，可以采用图6-4所示的控制方案。直接选取燃料油压力为副被控量，构成与原料出口温度的串级控制系统。

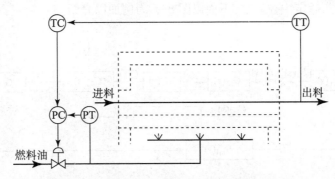

图6-4 加热炉出口温度串级控制系统流程图

（3）主、副被控对象的时间常数要匹配。

串级控制系统中，一般是副被控对象时间常数 $T_{02}<T_{01}$（主被控对象时间常数），主、副被控对象的时间常数应匹配。

副被控对象的时间常数 $T_{02} \leqslant T_{01}$（主被控对象的时间常数）时，副回路虽然控制作用快、迅速，但是包含扰动少，对这个系统改善作用小，不利于控制质量的提高。副被控对象的时间常数与主被控对象的时间常数接近时，$\dfrac{T_{01}}{T_{02}}<3$ 时，这时虽然副回路包含的干扰较多，对整个系统改善较多，但是副回路时间常数较大，滞后加大，控制作用不灵敏，失去了快速性。不能及时、有效地克服进入副回路的扰动，且此时主、副回路之间已产生"共振"，故 $\dfrac{T_{01}}{T_{02}} = 3 \sim 10$ 较好。

（4）应注意工艺上的合理性和经济性。

控制必须服从工艺的要求，设计系统时要考虑工艺上的合理性。串级控制系统的操纵量必定先影响副参数，然后再由副被控量去影响主被控量。在串级控制系统设计时，所选择的主、副被控量，必须在工艺上也符合这样的串联对应关系。同时，在副回路的选择设计时，应选择经济可靠、简单易行的控制方案。

2. 主、副控制器控制规律的选择

主被控量是控制的主要参数，其状态是生产工艺的主要指标，而只有对主被控量控制要求较高的条件下才考虑采用串级控制方式，因此主控制器应采用PI和PID控制。

至于副控制器，主要起随动控制作用，如果对副被控量的控制范围在工艺上要求不是太严格,通常允许有稳态误差,那么副控制器就可以只采用 P 控制。

从另一方面来说,副控制器不必要的积分作用引入,会降低副回路的快速作用,对提高控制质量不利,还可能使副控制器出现积分饱和现象。但是,对副回路为流量或压力控制系统时,因该副被控对象反应灵敏,时间常数很小,副控制器的比例度只能整定得很大,若不加积分作用,往往会使副被控量的偏差很大,可能已超出它所允许的范围,这时就要加入一定的积分作用。副控制器一般不必加微分作用;否则会使控制阀动作过大或过于频繁,对控制不利。

3. 主、副控制器的正、反作用选择

主、副控制器的正、反作用选择原则和方法,与单回路控制系统完全相同。但在顺序上,必须先定副控制器,后定主控制器,下面以图 6-5 为例加以介绍。

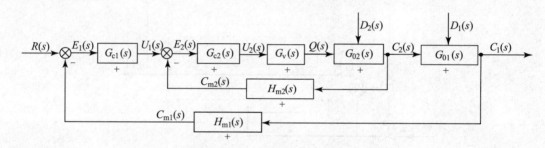

图 6-5　串级控制系统动态结构图

（1）绘制串级控制系统的动态结构图,如图 6-5 所示。

（2）确定除控制器以外的各环节传递函数的符号是"+"还是"−",并标注在系统结构图的相应位置上。

①因为工艺要求原料出口温度过高,会烧坏炉膛,因此装在燃料油入口管线上的控制阀,当气源因故突然中断时,应处于全关状态,对工艺的产品、设备更安全,则控制阀在有控制信号后才打开,所以应选气开阀,$G_v(s)$ 符号为"+"。

②控制阀打开时,燃料油量增加,将使炉膛温度升高,即 $G_{02}(s)$ 符号为"+"。进一步将使原料出口温度也升高,即 $G_{01}(s)$ 的符号也为"+"。

③检测变送装置的传递函数 H_{m1} 和 H_{m2} 应为"+"。

（3）确定控制器的正、反作用。

①先看副回路,要确保负反馈,要求

$$G_{c2}(s)\,G_v(s)\,G_{02}(s)\,H_{m2}(s)>0$$

则

$$G_{c2}(s)>0$$

即要求副控制器选"反作用"。

②再看主回路,要确保负反馈,要求

$$G_{c1}(s)\,G_{c2}(s)\,G_v(s)\,G_{02}(s)\,G_{01}(s)\,H_{m1}(s)>0$$

则

$$G_{c1}(s)>0$$

即要求主控制器也选"反作用"。

（4）验证所定控制器正、反作用的正确性。

①只存在二次扰动时。当系统处于稳定时，突然有二次扰动，虽然这时控制阀门开度没变，但是二次扰动使得副被控量（炉膛温度）变大，经副检测变送器后，副控制器接受的测量值变大。由于副被控量的变化没有立刻引起主被控量的变化，所以主控制器的输出暂时还是没有变化，因此副控制器处于定值控制状态。由于副控制器是反作用，所以副控制器的输出减小，"气开"控制阀被关小，燃料油流量减小，炉膛温度降下来。

如果这个扰动幅度不大，经副回路的调节、很快被克服，不至于引起主被控量的改变。

如果这个扰动作用比较强，尽管副回路已经大大削弱了它对主被控量的影响，但随着时间的推移，主被控量仍然会受它的影响而升高。然后经主变送器，主控制器接受的测量值升高，根据主控制器的反作用，其输出降低，使副控制器的给定值减小，进而使副控制器的输出又减小，从而使控制阀关小，以克服扰动对被控量的影响。

②只存在一次扰动时。当系统处于稳定时，突然有一次扰动，使主被控量（原料出口温度）降低，经主变送器得到的测量值减小（此时副回路不受影响，即副变送器得到的测量值不变）。根据主控制器的反作用，其输出升高，也就是副控制器的给定值增大了。因为副变送器的测量值暂时还没有变化，对于副控制器而言，给定值增大而测量值不变，可以等效为给定值不变，测量值减小。副控制器反作用，其输出增大，"气开"控制阀打开，燃料油流量增大，副被控量（炉膛温度）升高，进而使主被控量（原料出口温度）升高。

在整个过程中，副被控量也发生了变化，然而副控制器没有对它加以调节，原因在于串级控制系统中，主控制器起主导作用，体现在它的输出作为副控制器的给定值。而副控制器处于从属地位，它首先是接受主控制器的命令，然后才进行控制操作。这时副被控量的变化只是作为对主被控量的控制手段，而不是作为扰动加以克服的。

③一次扰动和二次扰动同时存在。

a. 一次扰动和二次扰动引起的主、副被控量同方向变化，即同时增大（或减小）。

这时，对于主控制器来讲，由于它的测量值升高，根据它的反作用，它的输出将在稳态时的基础上减小，也就是副控制器的给定值减小。

而对于副控制器来讲，由于它的测量值增大，其输出的变化应该根据它的反作用以及给定值和测量值的变化方向共同决定。将给定值变化等效为给定值不变而测量值变化的情况，即给定值减小等效为给定值不变而测量值增大。根据副控制器的反作用，副控制器的输出将减小，使得控制阀开度关小。控制阀开度的变化是主、副控制器共同作用的叠加。

b. 一次扰动和二次扰动引起主、副被控量反方向变化，即一个增大另一个减小。

假定一次扰动使主被控量下降，二次扰动使副被控量升高。对主控制器而言，由于其测量值减小，根据其反作用，它的输出将增大，也将使副控制器的给定值增大。对副控制器而言，由于测量值增大，给定值也增大，如果它们同步增大，幅度相同，即副控制器的输入信号——偏差没有改变，控制器的输出当然不变，控制阀开度也不变。实际上二次扰动补偿了一次扰动，控制阀无须调节。

如果两个扰动引起副控制器的给定值和测量值的同向变化不相同，也就是说二次扰动不足以补偿一次扰动时，副控制器再根据偏差的性质做小范围调节，即可以将主被控变量稳定在给定值上。

4. 串级控制系统的参数整定

串级控制系统的参数整定法主要包括逐次逼近法、两步整定法和一步整定法。

应用较广的是两步整定法，就是第一步整定副控制器参数，第二步整定主控制器参数。具体步骤如下：

（1）先整定副回路。在主、副回路均闭合及主、副控制器都置于纯比例作用的条件下，使主控制器的比例度 $\delta = 100\%$，根据 4：1 衰减整定法，整定副回路，得到副参数过渡过程曲线 4：1 时的副回路比例度 δ_{2s} 及相应的振荡周期 T_{2s}。

（2）整定主回路。把 δ_{2s} 值置于副控制器上。仍在主、副回路闭合的情况下，用同样的整定方法整定主回路，得到主参数过渡过程曲线 4：1 时的主回路比例度 δ_{1s} 及相应的振荡周期 T_{1s}。

（3）按照以上获得的 δ_{2s}、T_{2s} 和 δ_{1s}、T_{1s} 及相应控制器所选的控制规律，用 4：1 衰减整定的经验计算公式，分别求得主、副控制器的整定参数值。

（4）按照"先副回路，后主回路""先比例，后积分，最后微分"的次序，将（3）所得的整定参数分别设置在主、副控制器上。再做试验，观察主被控量过渡过程曲线，必要时将有关整定参数再做适当调整，直至满意为止。

五、串级控制系统的适用场合

设计串级控制系统时，首先需坚持的原则是：凡是能用单回路控制系统满足生产要求的，就不要用串级控制系统。

在生产工艺对控制质量要求高时，串级控制系统适用于：

（1）被控对象控制通道的时间常数、容积迟延都较大。

（2）工艺负荷变化大，而被控对象又有较大的非线性。

（3）扰动变化频繁、剧烈且幅值大的以及扰动因素较多。

尽管串级控制系统在工业上应用较广，但必须根据工艺要求，充分发挥串级控制的特点，才能达到预期的要求。

模块二　前馈控制系统

一、前馈控制的概念

前面分析了一些反馈控制系统，反馈控制是按被控量与给定值的偏差进行控制的，其特点是在被控量出现偏差后，控制器发出控制信号以补偿扰动对被控量的影响，最后消除偏差。若扰动已经发生，而被控量尚未变化，则控制器将不产生校正作用。所以，反馈控制的作用总是滞后于扰动作用，是一种不及时的控制，有时其控制质量较差。

当扰动一出现，控制器直接根据扰动的大小和方向，不等扰动引起被控量发生变化，就按照一定的规律进行控制，以补偿扰动作用对被控量的影响，这样的控制方式称为前馈控制。前馈控制又称扰动补偿控制。它与反馈控制不同，它是依据引起被控量变化的扰动大小进行控制的。在这种控制中，当扰动刚出现而又能测量时，前馈控制器便发出控制信号使操纵量作出变化，在扰动还没有影响被控量之前就起到控制的作用。因此，前馈控制对扰动的克服要比反馈控制快。

换热器物料出口温度的控制系统流程图如图6-6所示,加热蒸汽通过换热器中排管的外表面,将热量传递给排管内部流过的被加热液体。热物料的出口温度用蒸汽管路上控制阀开度的大小进行控制。引起出口温度变化的扰动有冷物料的流量、初始温度和蒸汽压力等,其中最主要的扰动是冷物料的流量。

当冷物料的流量发生变化时,热物料的出口温度就会产生偏差。若只采用反馈控制,如图6-6(a)所示,控制器只能等温度发生变化后才能动作,使蒸汽流量控制阀的开度产生变化来改变蒸汽量。由于换热器存在滞后,从扰动出现到实现控制需要很长时间。若引入前馈控制,如图6-6(b)所示,可直接根据冷物料流量的变化,通过前馈控制器使控制阀产生动作,这样就可在出口温度尚未变化时就对冷物料的流量进行控制。

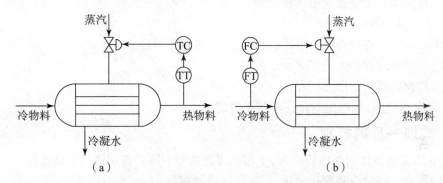

图6-6 换热器物料出口温度的控制系统流程图

前馈控制系统由图6-7可知,扰动信号$D(s)$一方面通过扰动通道的传递函数$G_d(s)$产生扰动作用影响被控量$C(s)$;另一方面通过前馈控制器$G_f(s)$、控制通道传递函数$G_o(s)$产生补偿作用影响被控量$C(s)$。当补偿作用和扰动作用对输出量的影响大小相等、方向相反时,被控量就不会随扰动而变化。

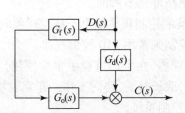

图6-7 前馈控制系统动态结构图

扰动对被控量的传递函数为

$$\frac{C(s)}{D(s)} = G_d(s) + G_f(s) G_o(s) \tag{6-1}$$

若选择合适的前馈控制器,使式(6-1)中的$G_d(s) + G_f(s) G_o(s) = 0$,可使$D(s)$对$C(s)$不产生任何影响,从而实现被控量的完全不变性。

完全不变性的条件为

$$G_f(s) = -\frac{G_d(s)}{G_0(s)} \tag{6-2}$$

二、前馈控制的特点及局限性

1. 前馈控制的特点

由以上的分析得到前馈控制的特点如下：

（1）前馈控制是一种开环控制。

（2）前馈控制是一种按扰动大小进行补偿的控制，能及时、有效地抑制扰动对被控量的影响。

（3）前馈控制器不是通用控制器，前馈控制器是专用控制器，它取决于被控对象的特性。

（4）前馈控制只能抑制可测不可控的扰动。

（5）一种前馈作用只能克服一种扰动。

2. 前馈控制的局限性

（1）不可能对所有扰动进行补偿，这样既不经济也不可能实现。

（2）对不可测的扰动无法实现前馈补偿。

（3）前馈控制器是专用控制器。

由于以上的原因，前馈控制往往不能单独使用。

三、前馈—反馈控制

前面分析了反馈控制与前馈控制，下面就将这两种不同的控制进行全面比较。

（1）检测量。前馈控制测扰动量；反馈控制测被控量。

（2）效果。克服扰动，前馈控制及时，理论上可实现完全补偿，基于扰动消除扰动；反馈控制不及时，基于偏差消除扰动。

（3）经济性。克服扰动，前馈控制只能一对一，不如反馈控制经济；反馈控制能克服多个扰动。

（4）稳定性。前馈控制为开环控制，不存在稳定性问题；反馈控制为闭环控制，首先考虑系统的稳定性，且稳定性与控制精度是矛盾的。

（5）控制规律。前馈控制器的控制规律取决于被控对象的扰动通道与控制通道的特性，控制规律往往比较复杂；反馈控制则常用 PID 控制规律。

由于单纯前馈控制效果不理想，在生产过程中很少使用。如果能把前馈控制和反馈控制两者结合起来构成控制系统，取长补短，协同工作一起克服扰动，能进一步提高控制质量，因此这种系统称为前馈—反馈控制系统。

由图 6-8 可见，当冷物料发生变化时，前馈控制器及时发出控制信号，控制冷物料流量

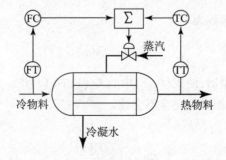

图 6-8　换热器物料出口温度的前馈—反馈控制系统流程图

发生对换热器出口温度的影响;同时,对于未引入前馈的冷物料的温度、蒸汽压力等扰动对出口温度的影响,则由 PID 反馈控制来克服,前馈—反馈控制使换热器物料出口温度稳定在给定值上,获得理想的控制效果。图 6-9 是前馈—反馈控制系统动态结构图。

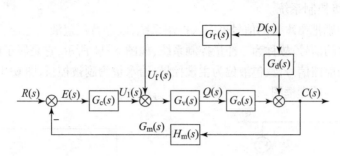

图 6-9　前馈—反馈控制系统动态结构图

综上所述,前馈—反馈控制系统具有以下优点:

(1)发挥了前馈控制及时的优点。

(2)保持了反馈控制能克服多个扰动影响和具有对控制效果进行校验的特点。

(3)反馈的存在,降低了对前馈控制设计的精度要求。不必要求它进行全补偿,因为剩余的偏差可由反馈控制部分继续去克服。

四、前馈控制的应用

1. 前馈控制的应用场合

(1)系统中存在频繁、幅值大的扰动,这种扰动可测但不可控,对被控量影响比较大,采用反馈控制难以克服其影响,但工艺上对被控量的要求又比较严格,为了改善和提高系统的控制质量,可以考虑引入前馈控制。

(2)当采用串级控制系统仍不能把主要扰动包含在副回路中时,采用前馈控制系统,可获得更好的控制效果。

(3)当对象的控制通道滞后大,反馈控制不及时,控制质量差,可采用前馈控制,以提高控制质量。

2. 前馈控制的应用实例

以锅炉汽包液位控制为例,在图 5-2 所示的简单控制系统介绍的是单冲量控制系统,它适用于停留时间较长、负荷变化小的小型低压锅炉。

(1)前馈-反馈控制系统。

但对于停留时间短,负荷变化大的系统,简单控制系统已不能满足要求。当蒸汽负荷突然大幅增加时,由于汽包内蒸汽压力瞬间下降,水的沸腾加剧,汽包量迅速增加,形成汽包内液位升高的现象。因为这种升高的液位不代表汽包内储液量的真实情况,所以称为"假液位"。这时液位控制系统测量值升高,控制器就会错误地关小给水控制阀,减少给水量,等到这种暂时的闪急汽化现象一旦平稳下来,由于蒸汽量增加,送入水量反而减少,将使水位严重下降,波动很厉害,严重时会使汽包水位降到危险区内,甚至发生事故。

产生"假液位"主要是蒸汽负荷量的波动,如果把蒸汽量的信号引入控制系统,就可以克服这个主要扰动,这样就构成了双冲量控制系统,图 6-10 所示的就是前馈—反馈控制系统。

蒸汽量是前馈量,借助于前馈的校正作用,可避免蒸汽量波动所产生的"假液位"而引起控制阀误动作,改善了控制质量,防止事故发生。

双冲量控制系统的弱点是不能克服给水压力的扰动,当给水压力变化时,会引起给水流量的变化。双冲量控制系统适用于给水压力变化不大、额定负荷不太大的锅炉。

(2)前馈-串级控制系统。

一些大型锅炉则把给水量的信号也引入控制系统,以保持汽包液位稳定。这样,作用控制系统共有 3 个参数的信号,故称为三冲量控制系统,如图 6-11 所示,它是属于前馈—串级控制系统。蒸汽量作为前馈信号,汽包液位为主被控量,给水量为副被控量,图 6-12 所示为锅炉前馈—串级控制系统的原理框图。

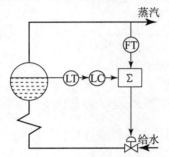

图 6-10　锅炉前馈—反馈
控制系统的流程图

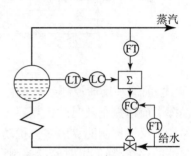

图 6-11　锅炉前馈—串级
控制系统的流程图

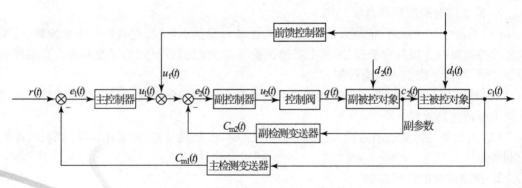

图 6-12　前馈—串级控制系统的原理框图

项目　上水箱中水箱液位串级控制系统

一、项目描述

串级控制系统是由两个检测变送器、两个控制器、一个执行器组成的控制系统。两个控制器串联工作,其中一个控制器的输出作为另一个控制器的给定值,而后者的输出去控制控制阀(执行器)以改变操纵量,这种结构称为串级控制系统。

二、项目目标

1. 掌握串级控制系统的基本概念和组成。

2. 掌握串级控制系统的投运与参数整定方法。

3. 科学地研究阶跃扰动分别作用在副对象和主对象时对系统主被控量的影响。

三、使用设备

过程控制实验装置、上位机软件、计算机、RS232-485 转换器 1 只、串口线 1 根、万用表、实验连接线。

四、项目实施内容和步骤

1. 设备的连接和检查

(1)储水箱灌满水(至最高高度)。

(2)打开以泵、电动调节阀、涡轮流量计组成的动力支路至水箱的出水阀,关闭动力支路上通往其他对象的切换阀。

(3)打开上水箱、中水箱及下水箱的出水阀至适当开度。

(4)检查电源开关是否关闭。

2. 系统连线

(1)将 I/O 信号面上中水箱液位的钮子开关打到 OFF 位置,上水箱液位的钮子开关打到 ON 位置。

(2)将中水箱液位正极端接到任意一个智能调节仪的正极端,中水箱液位负极端接到智能调节仪的负极端。智能仪表的地址设为 1,软件定义调节仪地址为 1 的调节器为主调节器,调节仪地址为 2 的调节器为副调节器。

(3)将主调节仪的输出接至 I/O 信号面板的转换电阻上转换成电压信号,再将此转换信号接至另一调节仪(副调节器)的 1 端和 2 端作为外部给定,上水箱液位信号转换后接入副调节器的 3、2 两端。调节器输出的接电动调节阀控制信号两端。

(4)电源控制板上的三相电源空气开关、单相空气开关、单相泵电源开关打在关的位置。

(5)电动调节阀的电源开关打在关的位置。

(6)智能调节仪的电源开关打在关的位置。

3. 启动实训装置

(1)将实训装置电源插头接到三相 380V 的三相交流电源。

(2)打开总电源漏电保护空气开关,电压表指示 380V,三相电源指示灯亮。

(3)打开电源总钥匙开关,按下电源控制屏上的启动按钮,即可开启电源。

4. 实施步骤

(1)开启空气开关,根据仪表使用说明书和液位传感器使用说明调整好仪表各项参数和液位传感器的零位、增益,仪表输出方式设为手动输出,初始值为 0。

(2)启动计算机组态软件,进入实训系统

(3)设定主控参数和副控参数。主调节器的参数与单回路闭环控制设定方法一样。

(4)待系统稳定后,在上水箱给一个阶跃信号,观察软件的实时曲线变化,并记录此曲线。

(5)系统稳定后,在副回路上加阶跃干扰信号,观察主回路和副回路上的实时曲线的变化,记录并保存曲线。

五、项目报告

(1)绘制串级控制系统的原理框图或结构图。

(2)分析串级控制和单回路 PID 控制不同之处。

六、项目评价表

项目名称		上水箱中水箱串级控制系统			
课程名称		专业名称		班级	
姓名		成员		组号	
实施	配分	操作要求	评价细则	扣分点	得分
设备的连接和检查	10分	1. 对系统组成能正确分析。(5分) 2. 熟悉设备功能。(5分)	1. 系统组成分析不全面,扣2分。 2. 系统组成需要在教师或组员指引下分析,扣3分。 3. 系统组成完全不懂,扣5分。 4. 设备功能不完全清楚,扣2分。 5. 设备功能需要在教师或组员指引下,扣3分。 6. 设备功能完全不懂,扣5分。		
系统连线	10分	1. 能合理进行布局。(5分) 2. 连续正确。(5分)	1. 布局不合理,扣3分。 2. 连线杂乱无序,扣5分。 3. 连线相对工整,扣2分。		
启动实验装置	10分	启动顺序。(10分)	启动顺序不正确,扣10分。		
实施步骤	40分	1. 调整好仪表各项参数,并调零设初始值。(10分) 2. 在上水箱给一个阶跃信号,记录此曲线。(15分) 3. 在副回路上加阶跃干扰信号,记录并保存曲线。(15分)	1. 仪表各项参数,并调零设初始值不正确扣10分。 2. 曲线不正确,酌情扣分。		
项目报告	20分	1. 绘制串级控制系统的原理框图或结构图。(10分) 2. 分析串级控制和单回路PID控制不同之处。(10分)	1. 框图不正确,酌情扣分。 2. 串级控制和单回路PID控制不同,少一处扣2分。		
安全文明操作	10分	1. 工作台上实训连接线摆放整齐; 2. 严格遵守安全文明操作规程; 3. 实验线路接好后,必须经指导老师检查认可后方可接通电源。	1. 工作台上实训连接线摆放不整齐,扣5分。 2. 遵守安全文明操作,错一处扣2分。 3. 自行接通电源扣10分。		
总分					

知识梳理

本单元重点是串级控制系统与前馈控制系统。

(1)复杂控制系统是指系统中具有两个以上的检测变送器、控制器或执行器的控制系统。

(2)串级控制系统是由两个检测变送器、两个控制器、一个执行器组成的控制系统。两个控制器串联工作,其中一个控制器的输出作为另一个控制器的给定值,而后者的输出去控制控制阀(执行器)以改变操纵量,这种结构称为串级控制系统。

(3)串级控制系统的组成、特点和适用场合,串级控制系统的原理框图,串级控制系统的工作过程,串级控制系统的设计方法,串级控制系统的参数整定。

(4)前馈控制的概念,前馈控制的特点及局限性,前馈—反馈控制系统的特点及应用。

思考题与习题

6-1 什么是复杂控制系统?

6-2 什么是串级控制系统? 画出串级控制系统的原理方框图。

6-3 串级控制系统有什么特点? 串级控制系统中主、副控制器的正反作用如何确定?

6-4 串级控制系统的设计包括哪几个方面?

6-5 为什么说串级控制系统中的主回路是恒值控制系统,而副回路是随动控制系统?

6-6 前馈控制与反馈控制进行比较,有何不同?

6-7 前馈控制系统有什么特点? 前馈控制系统适用于什么场合?

6-8 与单纯前馈控制系统比较,前馈—反馈控制系统有什么优点?

6-9 管式加热炉原料油出口温度串级控制系统如图6-13所示,这是两个控制方案。温度过高会使原料油在炉内分解、甚至结焦烧坏炉管,要求:

(1)画出串级控制系统的原理框图。

(2)确定控制阀的气开、气关的形式。

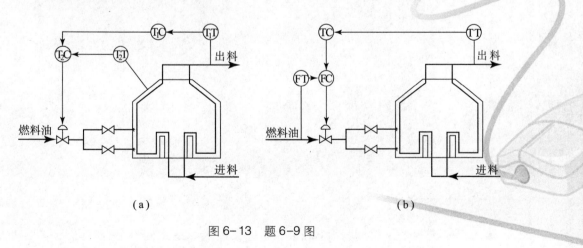

图6-13 题6-9图

（3）确定主、副控制器的正、反作用。

（4）若炉膛压力波动是工艺主要扰动时,选择哪个方案? 若工艺的燃料油压力波动是主扰动时,选择哪个方案?

（5）分析工作过程。

6-10　锅炉汽包液位的前馈—串级控制系统如图 6-14 所示,分析前馈信号、主被控量和副被控量分别是什么信号? 试分析简单的工作过程。

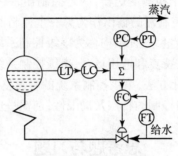

图 6-14　题 6-10 图

第7单元

特殊控制系统

❖ **素质目标**

1. 培养学生发现问题、解决实际问题的能力。
2. 培养学生遵纪守法、爱岗敬业、爱护设备、责任心强、团结合作的职业操守。
3. 培养学生展示自己技能的能力。

❖ **知识目标**

1. 理解均匀控制的概念。
2. 掌握均匀控制系统解决的问题。
3. 掌握分程控制系统的特点及应用。
4. 掌握分程控制系统解决的问题以及其典型的系统框图。
5. 熟悉比值控制系统的结构类型。
6. 掌握比值控制系统解决的问题以及其典型的系统框图。
7. 掌握选择性控制系统概念及其应用场合。
8. 熟悉预防积分饱和措施。

❖ **能力目标**

1. 会分析均匀控制系统。
2. 会分析比值控制系统。
3. 会分析分程控制系统。
4. 会分析自动选择性控制系统。

　　特殊控制系统就是实现特殊工艺要求的控制系统,它们分别为均匀控制系统、分程控制系统、比值控制系统和自动选择性控制系统。

模块一　均匀控制系统

一、均匀控制的概念

　　在连续生产过程中,一个设备经常与前后的设备紧密联系,前一设备的出料量是后一设备的进料量,而后一设备的出料量又输送给其他设备作进料量。如图7-1所示,在前后有物料联系的塔中,工艺上要求前塔的液位变化不能超过规定的上、下限,后塔的进料量也不能超过其最大、最小量。为了满足生产的要求,在前塔设置了液位控制系统,在后塔设置了进料的流量控制系统。下面分析一下这两个系统的工作情况,当前塔液位由于扰动的影响而变化时,液位控制系统就通过改变出料量来维持液位稳定。而前塔出料量的波动对于后塔来说就是进料量的扰动,为了维持后塔进料量稳定,流量控制系统重新调整进料量,将会导致前塔液位发生变化。这样,在前塔的液位与后塔的流量的稳定性产生矛盾,使两个系统都无法正常工作,如图 7-2(a)、(b)所示。

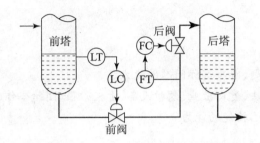

图 7-1　前、后塔物料供求关系

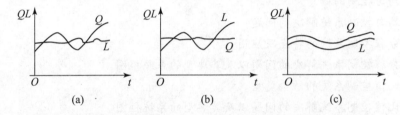

图 7-2　前塔液位与后塔流量之间的变化关系

(a)前塔液位稳定、后塔流量变化大　(b)前塔液位变化大、后塔流量稳定　(c)前塔液位、后塔流量均较稳定

　　因此,为了解决上述矛盾,人们提出了均匀控制的理念。对于有供求关系的生产过程,在设置自动控制系统时,按照工艺要求的具体情况,对前、后两个设备的相关参数统筹兼顾。因此,为兼顾前、后两个塔的协调操作,应使液位和流量都要缓慢、均匀变化,如图 7-2(c)所示。

　　为了解决前后设备供求矛盾,达到前后兼顾协调操作,使前后供求矛盾的两个变量在一定范围内变化,所组成的过程控制系统称为均匀控制系统。

　　因此,均匀控制系统不是指控制系统的结构,而是对系统控制目的而言的,是为了使前后设备(或容器)在物料供求上达到相互协调、统筹兼顾。

　　因此得到均匀控制系统的特点如下:

(1)前后供求矛盾的两个变量都应该是变化的,且变化是缓慢的。

(2)前后互相联系又互相矛盾的两个变量应保持在所允许的范围内波动。

二、均匀控制系统的结构

均匀控制系统的结构主要有两种形式。

1. 简单均匀控制系统

图 7-3 所示为一种简单均匀控制系统流程图。从方案外表上看,它与一个单回路液位定值控制系统相比,系统的结构和所用的仪表是相同的,但控制目的是不同的,主要体现在控制器的控制规律选择及参数整定方面。在均匀控制系统中,不能选用微分控制规律,因为

它与均匀控制要求是背道而驰的。一般只选用比例控制规律,而且比例度一般都是整定得比较大,大于100%。较少采用积分控制规律,若采用积分作用,积分时间也整定得比较大,即积分作用比较弱。

简单均匀控制系统最大的优点是结构简单,操作、整定和调试都比较方便,投入成本低。但是,如果前、后设备压力波动较大时,尽管控制阀的开度不变,流量仍然会发生变化,此时简单均匀控制就不适合了。所以,简单均匀控制只适用于扰动较小、对流量均匀程度要求低的场合。

2. 串级均匀控制系统

为了克服简单均匀控制系统的缺点,对后塔进料的流量进行控制,可在简单均匀控制系统的基础上增加以流量为副被控量的副回路,构成如图7-4所示的串级均匀控制系统流程图。假如扰动使前塔液位发生变化时,液位控制器给出流量控制回路的给定值,流量控制器根据给定值实现流量的跟踪控制,从而使前塔的液位发生改变,保证液位处于允许的波动范围内。假如后塔因塔压变化而使进料量发生变化时,由于增设了以流量为副参数的副回路,能很快、很有力地克服该扰动对流量的影响,使流量的变化幅度不超过工艺规定的波动范围。

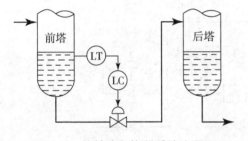

图7-3 简单均匀控制系统流程图

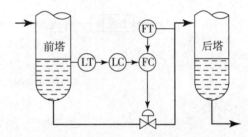

图7-4 串级均匀控制系统流程图

串级均匀控制系统与典型串级控制系统的结构和原理完全相同,但目的是不同的。串级均匀控制系统之所以能够使两个变量间的关系得到协调,是通过控制器参数整定来实现的。在串级均匀控制系统中,参数整定的目的不是使被控量尽快地回到给定值,而是要求被控量在允许的范围内做缓慢地变化。

串级均匀控制系统的主、副控制器一般都采用比例控制。只在要求较高时,为了防止偏差过大而超过允许范围,才引入适当的积分控制。

串级均匀控制系统的优点是能克服较大的扰动,使液位和流量变化缓慢、平稳。它适用于设备前后压力波动对流量影响较大的场合。

模块二 分程控制系统

一、分程控制系统概述

在前面介绍的控制系统中,通常是一个控制器的输出只控制一个控制阀,一般工作在较小的工作区域内,在系统出现较小的扰动时可以达到较好的控制效果。如果系统的工作条件不满足于较小控制范围或系统受到较大扰动甚至出现事故时,系统的控制质量就可能满足不了生产过程的控制要求。因此在有特殊工艺要求的生产过程中,同时需要两台或两台以上控制阀进行控制。由一个控制器同时带动两个或两个以上控制阀,来完成工艺控制要求的过程控制系统,叫分程控制系统。

分程控制系统是将一个控制器的输出分成若干个信号范围,由各个信号段去控制相应的控制阀,从而实现一个控制器对多个控制阀的控制,有效地提高了过程控制系统的控制能力。

图7-5表示了分程控制系统的流程示意图。图7-5中表示一台控制器去操纵两只控制阀,为了达到分程的目的,需要借助控制阀上的阀门定位器,利用阀门定位器对信号实现转换。例如,图7-5中的A、B两阀,要求A阀在控制器输出信号压力为0.02~0.06MPa变化时,做控制阀的全行程动作,则要求附在A阀上的阀门定位器,对输入信号0.02~0.06MPa时,相应输出为0.02~0.1MPa。而B阀上的阀门定位器,应调整成在输入信号为0.06~0.1MPa时,相应输出为0.02~0.1MPa。按照这些条件,当控制器(包括电/气转换器)输出信号小于0.06MPa时A阀动作,B阀不动;当输出信号大于0.06MPa时,而B阀动作,A阀已动至极限,由此实现分程控制过程。

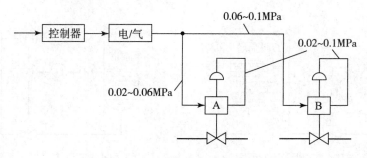

图7-5　分程控制系统的流程示意图

二、分程控制系统的结构与分类

在分程控制系统中,根据控制阀的开闭形式来划分,由于控制阀有气开和气关两种形式,可将其分为控制阀同向动作和异向动作两类。

(1)控制阀同向动作,即随着控制器输出信号的增加或减小,控制阀均逐渐开大或逐渐减小,同向分程控制的两个控制阀同为气开式或同为气关式,如图7-6(a)所示。

(2)控制阀异向动作,即随着控制器输出信号的增加或减小,控制阀中一个逐渐开大,另一个逐渐减小,异向分程控制的两个控制阀一个为气开式,一个为气关式,如图7-6(b)所示。

分程控制中控制阀同向或异向的选择,要根据生产工艺的实际需要来确定。

一般控制阀分程动作采用同向动作的是为了满足工艺上扩大可调比的要求;反向动作的选择是为了满足工艺的特殊要求。

三、分程控制系统的应用

分程控制系统主要应用于扩大控制阀的可调范围,以改善控制质量,满足工艺生产的特殊要求。

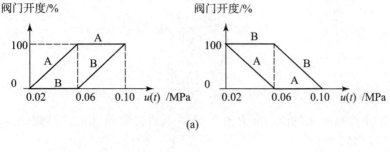

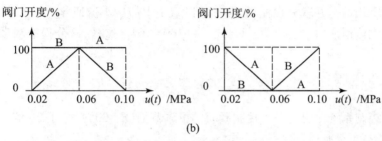

图 7-6　控制阀动作

(a)控制阀同向动作;(b)控制阀异向动作

1. 扩大控制阀的可调范围以改善控制质量

图 7-7 是生产中的小控制阀 A 与大控制阀 B 的两级分程控制系统示意图。工艺小负荷时,关闭大阀 B,只开小阀 A;大负荷时,则大、小控制阀都开,以适应工艺大幅度生产负荷变动的需要。相应控制器输出信号转换成标准气信号 0.02~0.1 MPa 后的分段情况,以及两个控制阀分程动作的示意图如图 7-5(b)所示,这是最常见的典型两级分程控制系统。

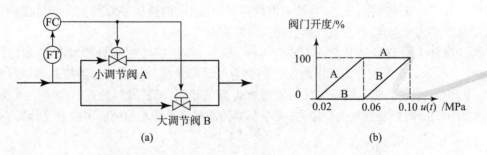

图 7-7　两级分程控制系统示意图

分程控制系统除满足生产负荷大范围变动的需要外,还能扩大控制阀的可调范围,提高控制质量,使控制系统更加合理、可靠。

假设:小控制阀 A 所选的流通能力为 $C_1 = 4$;大控制阀 B 所选的流通能力为 $C_2 = 100$。

按控制阀可调范围统一为 $R_1 = R_2 = 30$。

阀的可调范围为

$$R = \frac{C_{\max}}{C_{\min}}$$

161

因此,对小控制阀 A,有

$$C_{1min} = \frac{C_{1max}}{R_1} = \frac{4}{30} = 0.133$$

对大控制阀 B,有

$$C_{2min} = \frac{C_{2max}}{R_2} = \frac{100}{30} = 3.333$$

也就是说,小控制阀 A 的流通能力为 0.133~4;大控制阀 B 的流通能力为 3.333~100。两者的可调范围都为 30。

现在因为采用的是并联分程控制系统,所以系统中的最小流通能力 $C_{min} = C_{1min} = 0.133$;而系统中的最大流通能力 $C_{1max} = C_{1max} + C_{1max} = 4 + 100 = 104$。这样,该分程控制系统的可调范围为

$$R_{分程} = \frac{C_{max}}{C_{min}} = \frac{104}{0.133} \approx 782$$

两级分程控制系统比起用一个控制阀时的可调范围($R=30$)扩大了 26 倍。满足了生产负荷的需要,提高了控制质量。

2. 满足工艺生产的特殊要求

图 7-8 所示的储罐氮封压力分程控制系统,保证生产过程的安全和稳定,避免事故发生。在炼油或石油化工等生产中,有许多储罐存放了石油化工原料或产品。这些储罐置于室外,为使这些原料或产品不与空气接触,以免被氧化变质或引起爆炸危险,常用罐顶充氮气的方法,使储物与外界空气隔绝。

采用氮封技术的工艺要求是保持储罐内的氮气压力为微正压。储罐中物料量的增减,将引起罐顶压力的升降,故必须及时进行控制,否则将引起储罐变形,甚至破裂,造成浪费或引起燃烧、爆炸等危险。因此,当储罐内物料量增加时(即液位升高时),应及时使罐内氮气适量排出并停止继续充氮;反之,当储罐内物料量减少时(即液位下降时),为保证罐内氮气呈微正压的工艺要求,应停止氮气排空并向储罐充氮气。

为此设计了分程控制系统,如图 7-8(a)所示,其相应控制阀分程动作的示意图如图 7-8(b)所示。该控制方案所用的仪表应全为气动单元组合仪表。压力控制器为反作用的,采用 PI 控制规律,进入储罐氮气的控制阀 A 为气开阀,排放氮气的控制阀 B 为气关阀。储罐氮封压力分程控制这些选择原则,完全与单回路控制系统的相同。可以自己分析一下。

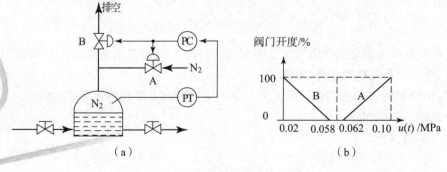

图 7-8 储罐氮封压力分程控制

在图 7-8(b)中,控制阀 B 接受的控制器输出信号为 0.02~0.058MPa,而控制阀 A 所接受的控制器输出信号为 0.062~0.1MPa。因此,在两个控制阀之间存有一个间歇区或称不灵敏区。由于储罐的顶部空间容积较大,压力对象的时间常数较大,而该系统对氮气压力控制的精度要求并不高,存有一定的不灵敏区,对控制是有益的。可以避免两控制阀的频繁开闭,有效节约氮气。

四、分程控制系统需要注意的问题

1. 正确选择控制阀的流量特性

分程控制中,控制阀流量特性的选择异常重要,为使总的流量特性比较平滑,一般尽量选用等百分比流量特性,如果两个控制阀的流通能力比较接近,且控制阀的可调范围不大时,可选用直线流量特性。

2. 控制阀泄漏的问题

在分程控制中,控制阀的泄漏量大小是一个很重要的问题。当分程控制系统中采用大小控制阀并联时,若大控制阀泄漏量过大,小控制阀将不能充分发挥其控制作用,甚至起不到控制作用。因此,要选择泄漏量较小或没有泄漏的控制阀。

3. 控制规律的选择及参数整定问题

控制器控制规律的选择及其参数整定可参考简单控制系统处理。但当控制通道特性不相同时,应照顾正常情况下的对象特性,按正常工作情况下整定控制器的参数,其他控制阀只要在工艺允许的范围内工作即可。

模块三　比值控制系统

一、比值控制的概念

在工业生产过程中,工艺上经常需要两种或两种以上的物料成一定的比例关系。如果比例失调,可能会影响正常的生产进行,严重时会造成生产事故。例如,在燃烧过程中,要求燃料量与空气量要保持一定比例,才能满足生产和环保要求。还有许多化学反应中,要求多个进料量要保持一定的比例关系。因此使两个或两个以上的变量自动保持一定比值关系的过程控制系统就称为比值控制系统。

比值控制系统中,假设需要保持两种物料量成比例关系,即

$$K = \frac{Q_2}{Q_1} \tag{7-1}$$

式中　K——从动量与主动量的工艺流量比值。

有一种物料量处于主导地位的称为主料量或主动量,通常用符号 Q_1 表示,如燃烧中的燃料量。

另一种物料量要求按一定的比例跟随主料量的变化称为从料量或从动量,用符号 Q_2 表示,如燃烧比值系统中的空气(氧气)量。

这时相对应的两个对象,可分别称为主对象与从对象。

二、比值控制系统的结构

常用的比值控制系统,有开环比值、单闭环比值、双闭环比值和变比值控制系统。

1. 开环比值控制系统

开环比值控制系统如图7-9所示,优点是结构简单,操作方便,投入成本低。控制器FC就是起比值器的作用,当主动量 Q_1 变化时,从动量 Q_2 的比值器才起控制作用。当从动量 Q_2 因控制阀前后压力变化等扰动影响而波动时,因其为开环控制,从动量 Q_2 没有反馈,主动量 Q_1 不变化,系统不能克服扰动,无法保证两流量间的比值关系。因此开环比值控制系统适用于从动量 Q_2 比较平稳,且对比值要求不严格的场合。在生产中很少采用这种控制方案。

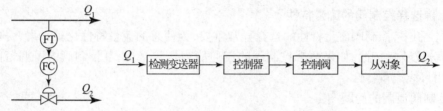

图 7-9　开环比值控制系统流程图及框图

2. 单闭环比值控制系统

为了克服开环比值控制系统的缺点,可对从动量引入负反馈控制。

单闭环比值控制系统中,从动量控制系统是随动控制系统,其给定值由系统外部的 KQ_1 提供,其任务就是使从动量 Q_2 尽可能地保持与 KQ_1 相等,随着 Q_1 的变化,始终保持 Q_2 与 Q_1 的比值关系。当主动量处于不变状态时,从动量控制系统又相当于一个定值控制系统。但单闭环比值控制系统无主对象、主控制器,并且从动量不会影响主动量。

如图7-10所示,当主料量 Q_1 不变,配料量 Q_2 因受扰动而变动时,经其自身闭合回路的控制作用能迅速克服扰动的影响,使 Q_2 与主料量 Q_1 间仍保持所需要的比值 K。

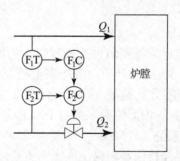

图 7-10　单闭环比值控制系统

当主料量 Q_1 变化时,因主料控制器 FC_1 的输出改变了配料控制器 FC_2 的给定值,配料量的自闭合回路将使配料量以新的数值与主料量保持原来的比值 K。单闭环比值控制系统原理框图如图7-11所示。

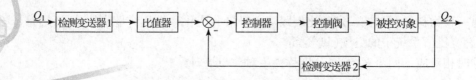

图 7-11　单闭环比值控制系统原理框图

单闭环比值控制系统的优点是它不但能实现从动量跟随主动量的变化而变化,而且还可以克服从动量本身扰动对比值的影响,因此主、从流量的比值较为精确。另外,这种方案的结构形式较简单,实施起来也比较方便,所以得到广泛的应用。

单闭环比值控制系统,虽然能保持两物料量比值一定,但由于主流量是不受控制的,主流量变化时,总的物料量就会跟着变化。

因此适用于主料量在工艺上不允许进行控制的场合,而且负荷变化不大的场合。

由上可见,FC_1 控制器只要选纯比例作用就可以,或者用比值器、乘法器、除法器等仪表也可以。而 FC_2 则应选 PI 作用的控制器。

3. 双闭环比值控制系统

为了克服主动量不受控制的弱点,在单闭环比值控制系统的基础上增加一个主动量闭环控制系统,成为双闭环比值控制系统,如图 7-12 所示。其相应的系统原理框图如图 7-13 所示。

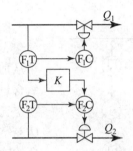

图 7-12　双闭环比值控制系统

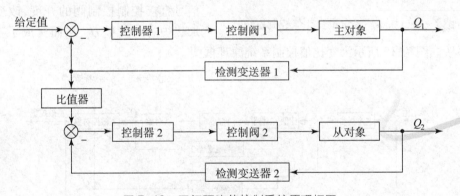

图 7-13　双闭环比值控制系统原理框图

由图 7-12 可见,系统具有两个定值控制的主料量闭合回路与配料量闭合回路。比值器 K 接收主料量 Q_1 信号,输出 KQ_1 信号,并送入从料量控制器,作为其给定值,使从料回路跟踪主料回路变化,保持 Q_2/Q_1 为 K 的比值关系。而从料量回路则丝毫不影响主料量回路。该系统的比值控制作用主要发生在 Q_1 受到扰动开始,直到它重新稳定在给定值这段过渡过程的时间内。

增加了主动量闭环控制后,主动量得以稳定,从而使总流量能保持稳定,并且控制 Q_2/Q_1 比值的精度高。但缺点是选用仪表多、投资成本高。双闭环比值控制系统主要用于要求负荷稳定且控制比值精度高的场合。但控制比值精度要求一般时,也可只用两个单回路定值控制系统去分别克服各自回路的扰动，使主料量 Q_1、从料量 Q_2 都稳定在各自的给定值上。但它所用仪表少、投资成本低，回路的调整、操作更简便。因此在实践中，当要求负荷较稳定、比值控制精度要求一般时，常用该控制方案来代替双闭环比值控制系统。

4. 变比值控制系统

以上几种比值控制系统的比值都是固定的，因此统称为定比值控制系统。但有些生产过程中，要求从料量与主料量之间的比值是随第三个变量的变化而不断调整的，即配料量 Q_2 与主料量 Q_1 之间的比值是变化的，称为变比值控制。

加热炉燃烧自动控制中，要求燃气与空气按合理的配比进行燃烧，既能保证燃气中可燃成分完全燃烧，又要减小过剩空气。由于燃气成分的波动，将引起燃气与空气的比例应随之变化。如果固定燃气与空气的比例，就会因为燃气成分的波动产生空气过剩和不足。若空气过剩，烟道废气中含氧量增加；若空气不足，烟道废气中含氧量减少。因此，通过控制烟道废气中含氧量就可以克服燃气成分的波动而造成空气过剩和不足的影响，提高控制质量。

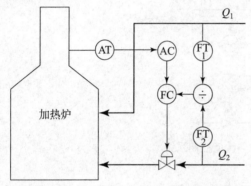

图 7-14 所示的 Q_1 为燃气量，Q_2 为空气量，AC 为成分控制，燃烧的实际状况可从加热炉的烟道气氧含量判断，根据氧含量分析值，通过主控制器，改变燃气与空气流量比值控制器的给定值，燃气量 Q_1 与空气量 Q_2 的测量值送入除法器，除法器的输出信号就是比值信号，作为测量值送入比值控制器 FC，比值控制器的输出信号直接控制控制阀的开度，改变进入加热炉的空气量 Q_2，从而构成了变比值控制系统。

图 7-14　加热炉氧含量变比值控制系统

控制系统。图 7-15 所示为变比值控制系统原理框图。

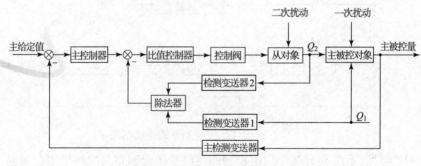

图 7-15　变比值控制系统原理框图

系统中的主控制器 AC、比值控制器 FC 的选型、参数整定等问题，均可按照串级控制系统的要求进行。

三、比值控制系统中比值系数的换算

把工艺上要求的从料量 Q_2 与主料量 Q_1 的比值 K 不能直接作为仪表的比值使用，必须根据不同类型的仪表量程将比值转换成对应的仪表系数 k 后，才能在控制系统中实现。以下以 DDZ-Ⅲ 型组合仪表为例加以介绍。

1. 流量与检测变送信号呈线性关系

当流量的变化范围是 $0 \sim Q_{\max}$ 时,对应 DDZ-Ⅲ 型仪表变送器输出的测量信号 I 为 $4 \sim 20\text{mA}$,则变送器输出的测量信号 I 和流量范围中 Q 之间的关系是

$$I = \frac{Q}{Q_{\max}}16+4 \tag{7-2}$$

假设主料量 Q_1 的流量计测量范围为 $0 \sim Q_{1\max}$,从料量 Q_2 的流量计测量范围为 $0 \sim Q_{2\max}$,根据式(7-2),可得从料量 Q_2 与主料量 Q_1 所对应变送器输出的测量信号分别为

$$I_1 = \frac{Q_1}{Q_{1\max}}16+4$$
$$I_2 = \frac{Q_2}{Q_{2\max}}16+4 \tag{7-3}$$

根据式(7-3)中求出 Q_2 和 Q_1,代入比值公式(7-1),得

$$K = \frac{Q_2}{Q_1} = \frac{(I_2-4)Q_{2\max}}{(I_1-4)Q_{1\max}} = k\frac{Q_{2\max}}{Q_{1\max}}$$

式中 k——仪表比值公式 $k = \dfrac{I_2-4}{I_1-4}$。

可得仪表比值 k 与工艺比值 K 的换算公式为

$$k = K\frac{Q_{1\max}}{Q_{2\max}} \tag{7-4}$$

2. 流量与检测变送信号成非线性关系

测量值压差 Δp 与流量 Q 的平方成正比,即

$$Q = C\sqrt{\Delta p} \tag{7-5}$$

式中 C——比例常数。

当流量的变化范围是 $0 \sim Q_{\max}$ 时,测量压差变化范围是 $0 \sim \Delta p_{\max}$,对应的变送器输出信号为 $4 \sim 20\ \text{mA}$,则变送器输出信号 I 和流量范围中 Q 之间的关系是

$$\frac{I-4}{20-4} = \frac{\Delta p}{\Delta p_{\max}} = \frac{Q^2}{Q_{\max}^2} \tag{7-6}$$

假设主料量 Q_1 的流量计测量范围为 $0 \sim Q_{1\max}$,从料量 Q_2 的流量计测量范围为 $0 \sim Q_{2\max}$,根据式(7-6),可得从料量 Q_2 与主料量 Q_1 所对应变送器输出的测量信号为

$$I_1 = \frac{Q_1^2}{Q_{1\max}^2}16+4$$
$$I_2 = \frac{Q_2^2}{Q_{2\max}^2}16+4 \tag{7-7}$$

根据式(7-7)可求得 Q_1^2 和 Q_2^2,代入比值公式(7-1),得

$$K^2 = \frac{Q_2^2}{Q_1^2} = \frac{Q_{2\max}^2(I_2-4)}{Q_{1\max}^2(I_1-4)} = k\frac{Q_{2\max}^2}{Q_{1\max}^2}$$

可得仪表比值 k 与工艺比值 K 的换算公式为

$$k = K^2 \frac{Q_{1\max}^2}{Q_{2\max}^2} \tag{7-8}$$

把工艺要求的流量比值 K，折算成定型仪表的比值系数 k 时，与流量测量仪表的类型（是线性的还是非线性的）有关，还与所用变送器的最大流量量程有关。

四、比值控制系统的设计

1. 主、从料量的确定

（1）一般选生产过程中起主导作用的物料流量为主料量。

（2）不可控的或者工艺上不允许控制的物料流量一般选为主料量，而可控的物料流量选为从料量。

（3）较昂贵的物料流量可选为主料量。

（4）按生产工艺的特殊要求确定主、从料量。

2. 控制方案的选择

分析各种方案的特点，根据具体生产工艺选择。

如果仅要求两料量的比值一定，负荷变化不大，主料量不可控，则可选单闭环比值控制方案。

如果在生产过程中，主、从料量扰动频繁，负荷变化较大，同时要保证主、从料量恒定，则可选用双闭环比值控制方案。

如果当生产要求两种物料量的比值能灵活地随第三个参数的需要进行控制时，可选用串级变比值控制方案。

3. 控制器控制规律的确定

（1）单闭环比值控制系统中，FC_1 控制器起比值作用，故选 P 控制规律或用一个比值器；FC_2 选 PI 控制规律。

（2）双闭环比值控制系统中，两个控制器均应选 PI 控制规律。

（3）变比值控制系统，主控制器选 PI 或 PID 控制规律，副控制器选用 P 控制规律。

模块四　自动选择性控制系统

一、选择性控制系统的概念

在前面讲述的各种控制系统中，主要是工作在正常的情况下，被控量稳定在工艺要求的范围内。但是控制系统工作在非正常的情况下，被控量不仅不能满足工艺要求，而且有可能发生安全事故。因此需要对非正常工况施加保护措施，防止安全事故的发生。

非正常工况时的控制系统安全保护性措施有硬保护措施和软保护措施。

常用的硬保护措施是连锁保护控制系统，当生产工况超出一定范围时，连锁保护系统采取一系列相应的措施，如有声光警报、由自动切换手动、连锁动作等，使生产过程处于相对安全的状态。但是这种硬保护措施经常使生产停车，造成较大的经济损失。因此，为了解决安全问题、又能克服连锁紧急停车的缺点，目前多采用软保护措施。

软保护措施就是通过当生产短期内处于非正常工况时，既不使设备停车又起到对生产进行自动保护的目的的措施。用一个控制不安全情况的新控制系统自动取代正常生产情况下工作的原控制系统,直至使生产过程重新恢复正常,而后又使原控制系统重新恢复工作,实现对生产过程的自动控制。这种措施需要对工况正常与否进行判断,在两个控制系统中做出选择,因此,这种控制系统称为自动选择性控制系统,也称为取代控制系统。

二、自动选择性控制系统的类型

在选择性控制系统中,对工作情况进行判断的环节是由选择器来实现的。选择器通常有高值选择器和低值选择器两种。高值选择器是选择输入信号中数值最大的作为输出,低值选择器是选择输入信号中数值最小的作为输出。

选择性控制系统按照选择器在系统中所处位置的不同分为两类。

1. 对控制器输出的控制信号进行选择的系统

在锅炉燃烧的控制任务中,最主要的是使锅炉出口蒸汽压力稳定。因此在蒸汽用量因受到扰动而发生变化时,可通过控制燃气量稳定。正常情况下,通过控制燃气量来保证蒸汽压力的稳定。当蒸汽用量增加时,蒸汽压力就会下降,为保证蒸汽压力不变,必须在增加供水量的同时,相应地增加燃气量。然而,燃气的压力也随燃气量的增加而升高,当燃气压力过高超过某一安全极限时,会产生脱火现象。一旦脱火现象发生,燃烧室内由于积存大量燃气与空气的混合物,会有爆炸的危险。锅炉控制系统中常采用蒸汽压力与燃气压力的选择性控制系统,以防止脱火现象产生。

图 7-16 所示为锅炉蒸汽压选择性控制系统示意图。图中蒸汽压 p_1 是系统的被控量,工作时它会随着用户使用蒸汽量而发生变化,需要控制稳定。

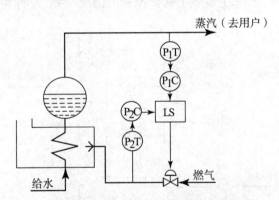

图 7-16 锅炉蒸汽压选择性控制系统示意图

选择控制系统中,蒸汽压控制器 P_1C 是正常控制器,用来保证锅炉正常运行时蒸汽压 p_1 稳定,其给定值应是燃气压力的额定值。燃气压控制器 P_2C 则是取代控制器,用来防止发生脱火爆炸事故的,它在正常工况下是不起作用的,其给定值应是燃气压力的极限值。

从安全角度考虑,燃气控制阀应为气开式,相应控制系统的控制器为保证系统实现负反馈的正确控制,应选择反作用控制器。因此把蒸汽压 p_1 和燃气压 p_2 都测出变换成标准信号后,分别送入各自的反作用式控制器 P_1C 与 P_2C,然后把它们的输出信号都送入低值选择器 LS,选择器选择其中的低值控制信号送控制阀去控制燃气量。

当锅炉在安全正常情况下,蒸汽压控制器 P_1C 的输出信号总是低于燃气压控制器 P_2C 的输出信号,这时低值选择器 LS 就选择 P_1C 投运,控制阀将按照蒸汽压 p_1 的情况进行控制,使 p_1 回到给定值,使蒸汽压力满足工艺要求。一旦燃气压力 p_2 上升到接近安全极限时,将使

反作用的 P_2C 输出信号大大下降,并低于 P_1C 输出信号,于是低值选择器就选 P_2C 来控制控制阀开度,控制阀的开度关小,减少燃气量,使燃气压 p_2 回降、脱离安全极限状态,起到自动保护的作用。当燃气压力 p_2 回到安全的正常范围时,蒸汽压力控制器 P_1C 的输出信号又低于 P_2C 输出信号,低值选择器 LS 再次选择 P_1C 投运进行控制,蒸汽压力控制系统重新恢复运行。图 7-17 所示为选择性控制系统的原理框图。

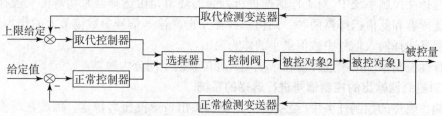

图 7-17　选择性控制系统的原理框图

2. 对检测变送器输出的被控量测量值进行选择的系统

如图 7-18 所示,生产过程反应器峰值温度选择性控制系统,其系统框图如图 7-19 所示。在化学反应器内装有固定触媒层,作为发生化学反应的催化剂。在反应器发生化学反应中,如果反应温度超出规定的温度,就会损坏触媒层而影响生产的正常进行。为了防止反应温度过高烧坏触媒,在不同的触媒层上装设了多个测温点,可以检测出触媒层不同位置的温度值,如果某测温点的温度超过规定的最高温度值,则向反应器内输入冷却液,使温度回落到允许的范围内。图 7-18 中设置了 4 个位置的温度检测,并将 4 个温度值都送到选择

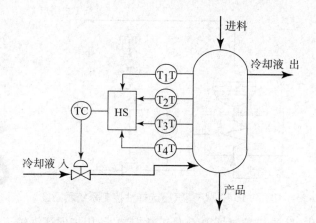

图 7-18　反应器峰值温度选择性控制系统

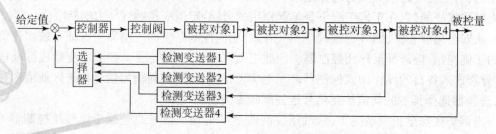

图 7-19　反应器峰值反应温度选择性控制系统原理框图

器。根据工艺要求,采用高值选择器,选出最高的温度测量值,并送入控制器进行控制,如果测量值高于给定值,则增大控制阀的开度,输入更多的冷却液,使反应器的温度回到所要求的范围内。因此,系统将始终按反应器内最高的反应温度进行控制,确保了触媒的安全。

在这类选择性控制系统中,至少有两个以上的检测变送器,其输出信号均接受选择器选择,并选出符合生产要求的信号送往控制器进行控制。

三、选择性控制系统的设计

1. 选择器的选型

在选择器具体选型时,根据生产处于不正常情况下,取代控制器的输出信号为高或为低来确定选择器的类型。具体步骤如下:

(1)从安全角度考虑,确定控制阀的气开和气关的形式。

(2)确定正常工况和取代工况时的对象特性,即传递函数的正、负号。

(3)确定正常控制器和取代控制器的正、反作用。

(4)根据取代控制器的输出信号类型,确定选择器是高值选择器还是低值选择器。

(5)当选择高值选择器时,应考虑事故时的保护措施。

2. 控制规律的确定

在选择控制系统中,正常控制器可以按照简单控制系统的设计方法处理,由于正常控制器起着保证产品质量的作用,一般精度要求较高,因此,应选用 PI 控制规律,如上例中蒸汽压力控制器选 PI 控制规律,如果过程存在较大的滞后,可以考虑选用 PID 控制规律。对于取代控制器而言,只要求它在非正常情况时能及时采取措施,故一般选用 P 控制规律,以实现对系统的快速保护。这样,一旦生产不正常、接近安全极限时,它就能迅速、有力地及时投运,取代正常控制器,确保生产安全。但在上面的例子中,为防止脱火,工艺对燃气的极限压力也要求比较严格,故其控制器也选用了 PI 控制规律。

3. 控制器的参数整定

选择性控制系统虽有两个控制器,但它们是分别工作的,因此系统工作的本质同单回路控制系统。所以控制器参数整定的原则完全同单回路控制系统,需要分别整定。

四、预防积分饱和措施

在选择性控制系统中,总有一个控制器处于开环状态,若此控制器有积分作用,就会产生积分饱和现象。

1. 产生积分饱和的条件

(1)控制器具有积分作用。

(2)控制器处于开环工作状态,即其输出没有被送往控制阀。

(3)控制器的输入,即偏差信号一直存在。

控制器一旦出现了积分饱和现象,当它投运时,将不能立即发挥其控制作用。必须待偏差反向,使其输出信号脱离"饱和"区,回到正常范围后,才能发挥其控制作用。所以选择性控制系统要注意采取防积分饱和措施。

2. 防积分饱和措施

(1)外反馈法。采用外部信号作为控制器的积分反馈信号。当控制器处于开环工作状态时,由于积分反馈信号不是输出信号本身,就不会形成对偏差的积分作用,从而可以防止积分饱和问题的出现。

（2）积分切除法。当控制器被选中具有 PI 控制规律，一旦控制器切换到开环状态，立即切除其积分作用，使原来的 PI 控制规律变成了纯 P 控制规律。这种特殊设计的控制器也称为自动选择控制器。

（3）限幅法。这是利用高值或低值限幅器使控制器的输出信号不超过其输出信号的最高值或最低值。至于用高值限幅器还是低值限幅器，则根据具体工艺来决定。若控制器处于开环状态时，因积分作用其输出信号增加的，则用高值限幅器；反之，则用低值限幅器。

项目　电磁和涡轮流量计流量比值控制系统

一、项目描述
在各种生产过程中，需要使两种物料的流量保持严格的比例关系是常见的，

使两个或两个以上的变量自动保持一定比值关系的过程控制系统就称为比值控制系统。

二、项目目标
1. 熟悉两种流量计的结构及其使用方法。
2. 掌握单闭环流量比值控制系统的组成。

三、使用设备
过程控制实验装置、上位机软件、计算机、RS232-485 转换器 1 只、串口线 1 根、万用表、实验连接线。

四、项目实施内容和步骤
1. 设备的连接和检查
（1）水箱灌满水（至最高高度）。
（2）打开以泵、电动调节阀、涡轮流量计组成的动力支路至水箱的出水阀，关闭动力支路上通往其他对象的切换阀。
（3）检查电源开关是否关闭。
2. 系统连线
连接比值调节实训硬件连线。
3. 启动实训装置
（1）将实训装置电源插头接到三相 380V 的三相交流电源。
（2）打开总电源漏电保护空气开关，电压表指示 380V，三相电源指示灯亮。
（3）打开电源总钥匙开关，按下电源控制屏上的启动按钮，即可开启电源。
4. 实施步骤
（1）启动工艺流程并开启相关仪器和计算机系统。
（2）设定好调节仪的各项参数。和常规的 PID 调节参数设置相同。
（3）运行组态软件，进入实训系统。
（4）调节比值器的放大系数，在上位机上实现，软件设定放大系数。
（5）观察计算机显示屏上实时的响应曲线，改变放大系数，待系统稳定后记录过渡过程曲线，记录各项参数。

五、项目报告

绘制比值控制系统的原理图。

六、项目评价表

项目名称		电磁和涡轮流量计流量比值控制系统			
课程名称		专业名称		班级	
姓名		成员		组号	
实施	配分	操作要求	评价细则	扣分点	得分
设备的连接和检查	10分	1. 对系统组成能正确分析。(5分) 2. 熟悉设备功能。(5分)	1. 系统组成分析不全面,扣2分。 2. 系统组成需要在教师或组员指引下分析,扣3分。 3. 系统组成完全不懂,扣5分。 4. 设备功能不完全清楚,扣2分。 5. 设备功能需要在教师或组员指引下,扣3分。 6. 设备功能完全不懂,扣5分。		
系统连线	20分	1. 能合理进行布局。(10分) 2. 连续正确。(10分)	1. 布局不合理,扣5分。 2. 连线杂乱无序,扣10分。 3. 连线相对工整,扣5分。		
启动实验装置	10分	启动顺序。(10分)	启动顺序不正确,扣10分。		
实施步骤	40分	1. 调整好仪表各项参数,并调零设初始值。(10分) 2. 调节比值器的放大系数,在上位机上实现,软件设定放大系数。(10分) 3. 观察计算机显示屏上实时的响应曲线,改变放大系数,待系统稳定后记录过渡过程曲线,记录各项参数。(20分)	1. 仪表各项参数,并调零设初始值不正确扣10分。 2. 调节比值器的放大系数不正确,酌情扣分。 3. 过渡过程曲线和各项参数不正确,酌情扣分。		
项目报告	10分	绘制比值控制系统的原理图。(10分)	原理图不正确酌情扣分。		
安全文明操作	10分	1. 工作台上工具摆放整齐。 2. 严格遵守安全文明操作规程。 3. 实验线路接好后,必须经指导老师检查认可后方可接通电源。	1. 工作台上工具按要求摆放整齐,错一处扣2分。 2. 遵守安全文明操作,错一处扣2分。 3. 自行接通电源扣10分。		
总分					

知识梳理

本单元包括均匀控制系统、比值控制系统、分程控制系统和自动选择性控制系统。

1. 为了解决前后设备供求矛盾，达到前后兼顾协调操作，使前后供求矛盾的两个变量在一定范围内变化，所组成的过程控制系统称为均匀控制系统。

2. 均匀控制系统的结构主要有两种形式简单均匀控制系统串级均匀控制系统。

3. 由一个控制器同时带动两个或两个以上控制阀，来完成工艺控制要求的过程控制系统叫分程控制系统。

4. 在分程控制系统中，根据控制阀的开闭形式来划分，由于控制阀有气开和气关两种形式，可将其分为控制阀同向动作和异向动作两类。

5. 使两个或两个以上的变量自动保持一定比值关系的过程控制系统就称为比值控制系统。

6. 常用的比值控制系统，有开环比值、单闭环、双闭环比值控制系统和变比值控制系统。

7. 用一个控制不安全情况的新控制系统自动取代正常生产情况下工作的原控制系统，直至使生产过程重新恢复正常，而后又使原控制系统重新恢复工作，实现对生产过程的自动控制。这种措施需要对工况正常与否进行判断，在两个控制系统中做出选择，因此，这种控制系统称为自动选择性控制系统，也称为取代控制系统。

8. 在选择性控制系统中，总有一个控制器处于开环状态，若此控制器有积分作用，就会产生积分饱和现象。

9. 防积分饱和措施有外反馈法、积分切除法和限幅法。

思考题与习题

7-1　什么是均匀控制系统？

7-2　设置均匀控制的目的是什么？

7-3　简述均匀控制的特点。

7-4　均匀控制系统的方案及其适用场合是什么？

7-5　什么是分程控制系统？何时需采用这种系统？

7-6　分程控制系统需要注意什么问题？

7-7　分程控制系统的应用场合是什么？

7-8　什么是比值控制系统？比值控制系统解决什么特殊问题？

7-9　比值控制系统的类型及其适用场合是什么？

7-10　比值控制系统中主、从料量的确定原则是什么？

7-11　比值控制系统中控制器控制规律是如何确定的？

7-12　什么是选择控制系统？它解决什么问题？

7-13　选择控制系统中，选择器分为哪几种类型？如何确定选择器的基本类型？

7-14　什么是积分饱和现象？常用的防积分饱和的措施是什么？

附表　常用函数拉普拉斯变换对照表

序号	原函数 $f(t)$	象函数 $F(s)$
1	$I(t)$	$\dfrac{1}{s}$
2	$\delta(t)$	1
3	t	$\dfrac{1}{s^2}$
4	t^n	$\dfrac{n!}{s^{n+1}}$
5	e^{-at}	$\dfrac{1}{s+a}$
6	$\sin\omega t$	$\dfrac{\omega}{s^2+\omega^2}$
7	$\cos\omega t$	$\dfrac{s}{s^2+\omega^2}$
8	$t\,e^{-at}$	$\dfrac{1}{(s+a)^2}$
9	$t^n\,e^{-at}$	$\dfrac{n!}{(s+a)^{n+1}}$
10	$e^{-at}\sin\omega t$	$\dfrac{\omega}{(s+a)^2+\omega^2}$
11	$e^{-at}\cos\omega t$	$\dfrac{s+a}{(s+a)^2+\omega^2}$
12	$1-e^{-\omega_n t}(1+\omega_n t)$	$\dfrac{\omega_n^{\;2}}{s\,(s+\omega_n)^2}$
13	$1-\cos\omega_n t$	$\dfrac{\omega_n^{\;2}}{s\,(s^2+\omega_n^{\;2})}$
14	$c(t)=1-\dfrac{e^{-\zeta\omega_n t}}{\sqrt{1-\zeta^2}}\sin(\omega_d t+\beta)$ $\omega_d=\omega_n\sqrt{1-\zeta^2}\,,\beta=\cos^{-1}\zeta$	$\dfrac{\omega_n^{\;2}}{s\,(s^2+2\zeta\omega_n s+\omega_n^{\;2})}(0<\zeta<1)$

附录　拉普拉斯变换的基本性质和定理

若已知：原函数$f_1(t)$对应象函数为$F_1(s)$；原函数$f_2(t)$对应象函数为$F_2(s)$，原函数$f(t)$对应象函数为$F(s)$则：

1. 叠加原理

$$L\left[f_1(t) \pm f_2(t)\right] = Lf_1(t) \pm Lf_2(t) = F_1(s) \pm F_2(s)$$

2. 比例定理

$$L\left[a f_1(t)\right] = a L\left[f_1(t)\right] = a F_1(s)$$

式中　a——常量。

3. 微分定理

当在零初始条件下，即：$f(0) = f'(0) = \cdots = f^{(n-1)}(0) = f^n(0) \equiv 0$时，有：

$$L[f'(t)] = sF(s)$$
$$\vdots$$
$$L[f^{(n-1)}(t)] = s^{n-1}F(s)$$
$$L[f^n(t)] = s^n F(s)$$

其中

$$f(0) = f(t)\Big|_t = 0;\ f'(0) = \frac{\mathrm{d}f(t)}{\mathrm{d}t}\Big|_t = 0;\ f^{(n-1)}(0) = \frac{\mathrm{d}^{n-1}f(t)}{\mathrm{d}t^{n-1}}\Big|_t = 0$$

$$f^n(0) = \frac{\mathrm{d}^n f(t)}{\mathrm{d}t^n}\Big|_t = 0$$

在零初始条件下，对原函数求导相当于用象函数乘以s，求导几次，就乘以几个s。

4. 积分定理

当在零初始条件下，即：$f(0) = f^{-1}(0) = \cdots = f^{-(n-1)}(0) \equiv 0$时，有：

$$L[f^{-1}(t)] = \frac{F(s)}{s}$$
$$\vdots$$
$$L[f^{-(n-1)}(t)] = \frac{F(s)}{s^{n-1}}$$
$$L[f^{-n}(t)] = \frac{F(s)}{s^n}$$

其中

$$f(0) = f(t)\Big|_t = 0\ ;\ f^{-1}(0) = \int f(t)\mathrm{d}t\Big|_t = 0;\ f^{-(n-1)}(0) = \underset{n-1}{\int \cdots \int} f(t)(\mathrm{d}t)^{n-1}\Big|_t = 0$$

$$f^{-n}(0) = \underset{n}{\int \cdots \int} f(t)(\mathrm{d}t)^n\Big|_t = 0$$

在零初始条件下,对原函数积分相当于用象函数除以 s,积分几次,就除以几个 s。

正是利用了微分定理与积分定理,拉氏变换使原函数的微、积分运算变换成了象函数的代数运算。尤其是在零初始条件下,这种运算变得更加简单。

5. 衰减定理

$$L\left[e^{-at}f(t)\right] = F(s+a)$$

求解原函数 $f(t)$ 乘以衰减指数 e^{-at} 后的象函数,需把原来的象函数 $F(s)$ 中复数变量 s 用 $(s+a)$ 代替即可。相当于 $F(s)$ 中的复数变量 s 的位置平移了 a,也称之为复域平移定理。

6. 延迟定理

$$L[f(t-\tau)] = e^{-\tau s}F(s)$$

原函数 $f(t)$ 在延迟 τ 时间后的 $f(t-\tau)$ 函数,其象函数为原来的 $F(s)$ 乘以 $e^{-\tau s}$,也称之为时域平移定理。

7. 终值定理

$f(t)\big|_{t\to\infty}$ 的极限值存在,不是趋于无穷大,则:

$$\lim_{t\to\infty}f(t) = \lim_{s\to 0}sF(s)$$

原函数的稳态值 $f(t)\big|_{t\to\infty}$,可用其象函数 $F(s)$ 乘以 s 后,求 $s\to 0$ 的极限值求得,条件是 $f(t)\big|_{t\to\infty}$ 的极限存在。

本定理在研究控制系统的稳态性能时(例如分析系统的稳态误差、求取系统输出量的稳态值等)经常用到。当然,应用的前提条件是系统必须稳定。

8. 初值定理

$f(t)\big|_{t\to 0}$ 的极限存在,不是趋于无穷大,则:

$$\lim_{t\to 0}f(t) = \lim_{s\to\infty}sF(s)$$

原函数的初值值 $f(t)\big|_{t\to 0}$,可用其象函数 $F(s)$ 乘以 s 后,求 $s\to\infty$ 的极限值求得,条件是 $f(t)\big|_{t\to 0}$ 的极限存在。

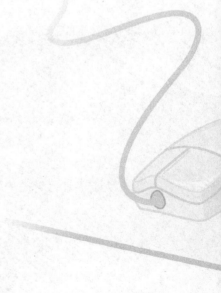

参 考 文 献

[1]李友善.自动控制原理[M].北京:国防工业出版社,2008.

[2]俞眉芳.自动控制原理与系统[M].北京:高等教育出版社,2001.

[3]涂植英.过程控制系统 [M].北京:机械工业出版社,2007.

[4]金以慧.过程控制[M].北京:清华大学出版社,1993.

[5]王爱广,王琦.过程控制技术[M].北京:化学工业出版社,2005.

[6]严爱军,张亚庭,高学金.过程控制系统[M].北京:北京工业大学出版社,2010.

[7]潘永湘,等.过程控制与自动化仪表[M].北京:机械工业出版社,2007.

[8]王树青,戴连奎,于玲.过程控制工程[M].北京:化学工业出版社,2008.

[9]黄坚.自动控制原理及其应用[M].北京:高等教育出版社,2005.

[10]陈铁牛.自动控制原理[M].北京:机械工业出版社,2006.

[11]方康玲.过程控制与集散系统[M].北京:电子工业出版社,2009.

[12]孔凡才.自动控制原理与系统[M].北京:机械工业出版社,2007.

[13]周哲民,等.过程控制自动化工程设计[M].北京:化学工业出版社,2010.

[14]黄永杰,等.检测与过程控制技术[M].北京:北京理工大学出版社,2010.

[15]郭爱民.冶金过程检测与控制[M].北京:冶金工业出版社,2004.

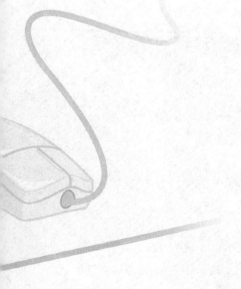